重污染企业技术变迁式转型升级研究

黄光球　著

北　京
冶金工业出版社
2020

内 容 提 要

　　本书以陕西省重污染企业为例，介绍了技术变迁式转型升级所涉及到的一些关键问题，内容包括：陕西省重污染企业分布与特征分析、重污染企业调查与污染物排放特征分析、重污染企业技术变迁式转型升级模式、重污染企业转型升级过程的技术变迁过程分析、重污染企业转型升级关键影响因素识别、重污染企业技术变迁式转型升级的运作机理揭示、重污染企业技术变迁与战略转型升级绩效的关系研究、重污染企业技术变迁式转型升级模式的运行效果和运行效率评价、重污染企业产品组合策略选择与转型升级目标一致性研究。本书介绍的研究成果可为重污染企业转型升级方案设计提供依据和参考。

　　本书既注重理论的严谨性和方法的实用性，又保持内容的新颖性，案例、数据丰富，系统性强，可供管理科学与工程、工商管理和管理系统工程等学科的科研人员、工程技术人员、高校师生阅读或参考。

图书在版编目(CIP)数据

重污染企业技术变迁式转型升级研究/黄光球著.
—北京：冶金工业出版社，2020.2
　ISBN 978-7-5024-8394-4

　Ⅰ.①重…　Ⅱ.①黄…　Ⅲ.①企业环境管理—研究
Ⅳ.①X322

　中国版本图书馆 CIP 数据核字(2020)第 008316 号

出 版 人　陈玉千
地　　　址　北京市东城区嵩祝院北巷 39 号　邮编　100009　电话　(010)64027926
网　　　址　www.cnmip.com.cn　电子信箱　yjcbs@cnmip.com.cn
责任编辑　高　娜　美术编辑　彭子赫　版式设计　禹　蕊
责任校对　石　静　责任印制　李玉山
ISBN 978-7-5024-8394-4
冶金工业出版社出版发行；各地新华书店经销；固安华明印业有限公司印刷
2020 年 2 月第 1 版，2020 年 2 月第 1 次印刷
169mm×239mm；13.25 印张；256 千字；199 页
69.00 元

冶金工业出版社　投稿电话　(010)64027932　投稿信箱　tougao@cnmip.com.cn
冶金工业出版社营销中心　电话　(010)64044283　传真　(010)64027893
冶金工业出版社天猫旗舰店　yjgycbs.tmall.com
　　　　　　　(本书如有印装质量问题，本社营销中心负责退换)

前　言

　　全球经济环境转变与技术变革为重污染企业转型升级带来了严峻挑战和新的机遇。在资源限制和创新驱动下，寻找一条有效的转型升级路径以获得经济全球化下的持续竞争力，是重污染企业发展第一要务。近年的政府工作报告曾多次指出，技术变迁是引领重污染企业向自主研发、智能生产方向转型升级的主要途径，符合重污染企业转型升级发展的本质需求。因此，从技术变迁视角研究重污染企业转型升级模式及其实现路径具有重要的理论与现实意义。

　　重污染企业的转型升级发展是提升企业整体实力、技术创新能力及国际竞争力的重要支撑。本书由此选择陕西省重污染企业为研究对象，构建技术变迁引导下的转型升级模式及其实现路径模型，在此基础上结合实证分析验证模型的正确性。使用系统动力学方法剖析转型升级路径的内部运行机理，评价转型升级路径的实施效果，最后提出推进重污染企业转型升级的相关对策建议。本书介绍的具体内容如下：

　　首先，对现有重污染企业转型升级和技术变迁的相关研究进行了回顾和评述。在界定重污染企业转型升级、技术变迁概念的基础上，分析重污染企业的转型升级特征，进而提出了技术变迁引导下的转型升级路径是重污染企业转型升级的重要途径。分析重污染企业的转型升级过程，由此建立了转型升级路径的六维度构成体系，并对技术变迁引导下的转型升级路径机理进行了详细分析。构建了技术变迁引导下的转型升级路径模型，提出了相应的研究假设与研究框架。

　　其次，依据重污染企业转型升级路径模型设计问卷调查，搜集实证研究所需的数据。在对样本数据统计分析的基础上，使用结构方程模型验证了技术变迁引导下的转型升级路径是重污染企业转型升级的必由之路。尽管六个维度的转型升级路径对重污染企业转型升级的影响效果存在差异，但基本可归纳为以技术信息化升级为主线、供应链协同为支撑、服务化升级为导向、"两化融合"为引领的企业转型升级道路。

再次，为进一步揭示转型升级路径的内部运行机理，采用系统动力学方法对技术变迁引导下的重污染企业转型升级路径进行模拟。转型升级路径系统由制造技术转型升级、组织结构重组、生产流程再造和服务方式升级四个子系统构成，路径的运行依赖于四个子系统的相互耦合与相互作用。研究发现，R&D投入、人员投资和技术吸收能力是转型升级路径上的关键要素，对提升企业转型升级的经济转化能力具有重要作用。

最后，为评价技术变迁引导下的转型升级路径实施效果，构建了企业转型升级路径的评价模型。首先基于粗糙集方法建立评价指标体系，对转型升级路径的演化状态水平形成初步判断。进一步地将转型升级路径的演化过程划分为"准备"和"实施"两个阶段，构建了包含共享资源投入的两阶段DEA模型，实现了对路径演化过程的效率测度。评价结果表明，重污染企业转型升级水平与技术密集程度相关，技术变迁的主要方向是信息技术的深度植入与融合；供应链和价值链协同、服务化战略以及电子商务模式的发展，是提升转型升级路径实施效果的重要方法。

本书的创新点在于：

（1）提出了技术变迁引导下的转型升级路径是重污染企业转型升级的必由之路，并通过结构方程模型验证了该观点的正确性。建立了转型升级路径的"六维度"构成体系，分析技术变迁对转型升级路径各维度的引导机制，揭示了企业转型升级路径机理。

（2）通过构建系统动力学模型，实现了对企业转型升级路径的模拟。厘清了转型升级路径的内部运行机理，同时发现了转型升级路径上的关键要素，阐明了各要素对转型升级经济转化能力的不同作用机制。

（3）将重污染企业转型升级路径评价划分为两个部分：演化状态水平评价及演化过程水平的评价，由此构建了技术变迁引导下的重污染企业转型升级路径评价模型。通过构建基于粗糙集方法的评价指标体系和包含共享资源投入的两阶段 DEA 模型，实现了对转型升级路径的评价，发现了转型升级路径实施过程中的薄弱环节。

本书内容所涉及的研究，得到了以下科研项目的资助：

（1）陕西省社会科学基金项目，陕西省重污染企业高端化转型升级实现对策研究，2018S49，2018/09 ~ 2020/09。

（2）陕西省社科联优秀研究成果购买项目，环境保护规制下的陕西省煤化工产业高端化转型升级对策研究，2017 - 008，2018/06 ~ 2018/06。

（3）陕西省科学技术协会高端科技创新智库项目，陕西省重污染企业技术变迁式转型升级战略及扶持政策研究，Z20170018，2017/05 ~ 2017/11。

（4）陕西省社会科学基金项目，环境污染规制下大西安路网结构最佳布局及其实现对策研究，2017S035，2018/01 ~ 2019/12。

（5）陕西省社科界2019年度重大理论与现实问题研究项目，陕西省重污染企业高质量发展与环境协调性研究，2019TJ046，2019/06 ~ 2019/11。

（6）陕西省科学技术协会高端科技创新智库项目，陕西省新能源产业高端化发展对策研究，Z20190225，2019/06 ~ 2019/11。

（7）陕西省政府采购项目，关于推进能源化工产业高端化对策研究，Z20180413，2017/09 ~ 2018/06。

（8）国家自然科学基金项目，关联区域挥发性有机化合物（VOCs）排放可伸缩层次化联防联控云网格精细化管理机制研究，71874134，2019/01 ~ 2022/12。

对以上项目的资助，以及在本书编写过程中提供帮助和支持的有关单位和人员表示衷心的感谢。

因作者水平所限，书中难免有不妥之处，恳请广大读者批评指正。

作　者
2019 年 10 月

目　　录

1 重污染企业调查与污染物排放特征分析——以陕西省为例

1.1 陕西省重点污染源和重污染企业

研究表明，80%以上的环境污染问题是由企业的生产经营活动造成的[1]。与一般企业相比，重污染企业资源消耗量大，污染物排放严重，对环境的破坏程度更高，引发环境问题的可能性更大，更应承担起环境保护的主体责任。重污染企业若要实现环境绩效与经济绩效的双赢，必须制定并实施主动型转型升级战略[2]。但现阶段的相关研究表明，陕西省国有重污染企业应对环境问题仍处于被动的反应阶段，未能实施主动型转型升级战略。重污染企业主动型转型升级战略的驱动因素有哪些？这些因素是如何推进企业主动型转型升级战略的实施？这些问题需要结合陕西省重污染企业实际深入探讨与分析。

经调查，陕西省重点污染源范围如下：

（1）有重金属、危险废物、放射性物质排放的所有产业活动单位。

（2）11个重污染行业（造纸及纸制品业、农副食品加工业、化学原料及化学制品制造业、纺织业、黑色金属冶炼及压延加工业、食品制造业、电力/热力的生产和供应业、皮革毛皮羽毛（绒）及其制品业、石油加工/炼焦及核燃料加工业、非金属矿物制品业、有色金属冶炼及压延加工业）中的所有产业活动单位。

（3）16个重点行业（饮料制造业、医药制造业、化学纤维制造业、交通运输设备制造业、煤炭开采和洗选业、有色金属矿采选业、木材加工及木竹藤棕草制品业、石油和天然气开采业、通用设备制造业、黑色金属矿采选业、非金属矿采选业、纺织服装/鞋/帽制造业、水的生产和供应业、金属制品业、专用设备制造业、计算机及其他电子设备制造业）中规模以上企业。

（4）10类小企业——造纸、制革、印染、染料、炼焦、炼硫、炼砷、炼油、电镀、农药等严重污染水环境的小企业；3类生产项目——皂素、冶金、果汁等重污染生产项目。

1.2 陕西省重点国控大气污染企业的分布与排放特征

陕西省重点国控大气污染企业名单如文献［1］所示，这些重污染企业的分布及其大气污染物排放情况如表 1.1 和图 1.1 所示。从图 1.1 可知，SO$_2$ 排放量最多的地区是渭南市，其次是咸阳市、榆林市和西安市；烟尘排放量最多的地区是渭南市，其次是宝鸡市、榆林市和咸阳市；粉尘排放量最多的地区是宝鸡市，其次是铜川市、榆林市和渭南市。图 1.2 描述了陕西省重点大气污染企业分布情况，排放大气污染物的企业数最多的是渭南市，其次是榆林市、宝鸡市和铜川市。

表 1.1 陕西省重点国控大气污染企业分布及其污染物排放量

地　区	重污染企业数	SO$_2$ 排放量/kg	烟尘排放量/kg	粉尘排放量/kg
西安市	13	60167070	25940689	12082960
铜川市	18	6676168	1248194	62976391
宝鸡市	18	59303376	69132842	75318257
咸阳市	11	117298986	29257141	24477842
渭南市	41	236013100	76101588	39230524
延安市	1	4733064	2404096	0
汉中市	9	33225737	16808832	13869532
榆林市	19	66644490	52484334	39324000
安康市	5	1450000	3250000	6930000
商洛市	4	3883280	1718411	11162000
合　计	139	589395271	278346127	285371506

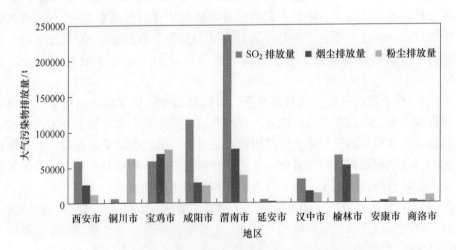

图 1.1 陕西省重点国控大气污染企业污染物排放情况

图 1.3 给出了 2005～2012 年间陕西省各市（区）单位 GDP 能耗情况。从图 1.3 可知，陕西省各区县的单位 GDP 能耗是逐年下降的。图 1.4 给出了 2005～

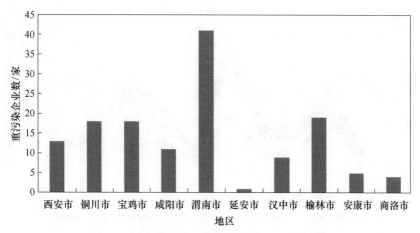

图 1.2 陕西省重点国控大气污染企业分布情况

2012 年间陕西省各市（区）单位 GDP 能耗与重污染企业大气污染物排放量的关系，从图 1.4 可知，陕西省各市（区）的单位 GDP 能耗特征与重污染企业大气污染物排放量特征每年都非常相似。此现象表明，历年来陕西省各市（区）重污染企业是这些市（区）的能耗最大用户，也是大气污染物的主要贡献者。

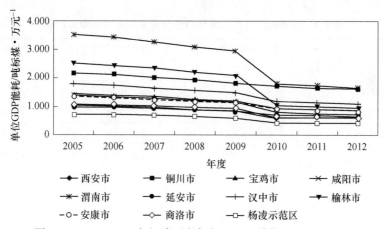

图 1.3 2005～2012 年间陕西省各市（区）单位 GDP 能耗情况

1.3 陕西省重点国控水污染企业的分布与排放特征

陕西省重点国控水污染企业名单见文献 [2]。这些重污染企业的分布及其水污染物排放情况如表 1.2 和图 1.5 所示。从图 1.5 可知：化学需氧量排放量最多的地区是渭南市，其次是西安市、宝鸡市和咸阳市；氨氮排放量最多的地区是渭南市，其次是西安市、汉中市和咸阳市。图 1.6 描述了陕西省重点水污染企业分布情况，排放水污染物的企业数最多的是西安市和渭南市，其次是咸阳市和宝鸡市。

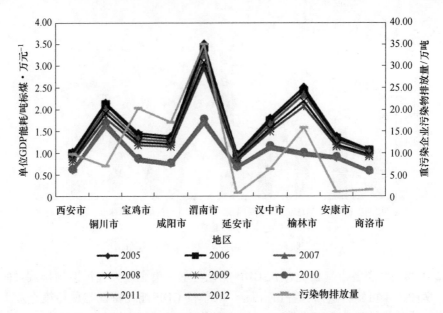

图 1.4   2005~2012 年间陕西省各市（区）单位 GDP 能耗与重污染
企业大气污染物排放量的关系

表 1.2   陕西省重点国控水污染企业分布及其污染物排放量

地　区	重污染企业数	化学需氧量排放量/kg	氨氮排放量/kg
西安市	33	31068439	349393
铜川市	0	0	0
宝鸡市	12	28912102	138091
咸阳市	16	25327646	255325
渭南市	33	31897938	479973
延安市	1	211331	0
汉中市	4	1881962	304364
榆林市	2	654228	20698
安康市	1	122000	203000
商洛市	4	1100000	0
合　计	106	121175646	1750844

　　图 1.7 给出了陕西省各市（区）重污染企业大气污染物排放量与水污染物排放量的关系，从图 1.7 可知，陕西省各市（区）重污染企业大气污染物排放量与水污染物排放量特征非常相似。此现象表明，水污染严重的市（区）同时也是大气污染严重的市（区）。

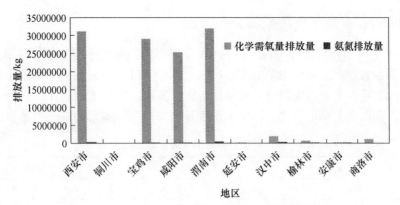

图 1.5 陕西省重点国控水污染企业污染物排放情况

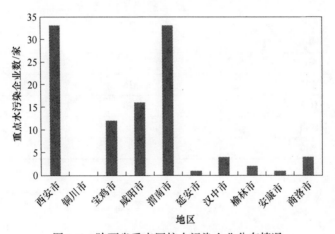

图 1.6 陕西省重点国控水污染企业分布情况

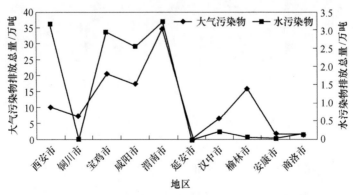

图 1.7 2005～2012 年间陕西省重污染企业大气
污染物与水污染物排放量的关系

1.4 陕西省重点工业污染源分布特征

文献［3］列出了陕西省各市（区）重点工业污染源名录，表 1.3 和图 1.8 给出了陕西省重点工业污染源分布情况。从图 1.8 可知，渭南市、西安市和榆林市是陕西省重点工业污染源分布最多的地区。其中，废气源渭南市、榆林市分布最多，西安市和宝鸡市次之；而废水源则是西安市、渭南市和咸阳市最多。

表 1.3 陕西省陕西省各市（区）重点工业污染源 （个）

地 区	废气源	废水源
西安市	26	42
铜川市	17	1
宝鸡市	25	11
咸阳市	15	22
渭南市	49	27
延安市	7	14
汉中市	16	10
榆林市	40	8
安康市	5	3
商洛市	8	3

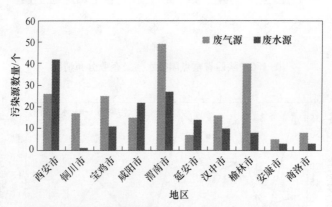

图 1.8 陕西省陕西省各市（区）重点工业污染源分布

1.5 陕西省各地区大气污染物排放特征分析

表 1.4 给出了陕西省各地区工业废气排放数据，其特征如图 1.9 所示。从图 1.9 可知：截止到 2010 年，陕西省各地区工业废气排放量环比达到高峰；2011 年，全省各地区工业废气排放量环比急剧下降到最低位，2011 年以后，陕西省

各地区工业废气排放量环比缓慢上升直至达到平稳状态。

表1.4 陕西省各地区工业废气排放数据 （亿立方米）

地 区	2009 年	2010 年	2011 年	2012 年	2013 年	2014 年	2015 年
全省	110319024	135096937	15704.27	14767.4	16279.46	16542.54	17303.5
西安市	7372679	7915628	996.43	1043.31	844.21	901.23	1108.48
铜川市	10125075	10524556	1359.86	1184.98	1358.87	922.18	1325.51
宝鸡市	28822235	28917921	1119.63	1348.65	1170.17	1503.21	1692.01
咸阳市	12170835	12721155	1848.65	1380.41	1368.37	1428.29	1481.01
渭南市	21392659	36999603	4800.21	3886.68	4920.01	4171.31	3985.63
延安市	962300	1340693	235.5	247.66	174.9	185.39	387.05
汉中市	5953756	6168716	1106.93	1434.07	1569.86	1608.4	1161.34
榆林市	19993502	25698327	3629.53	3670.3	4309.85	5272.07	5575.93
安康市	1189919	2331412	414.06	339.6	328.97	290.77	308.31
商洛市	2310503	2447886	182.28	221.72	225.62	251.13	254.64
杨凌示范区	25561	31040	11.19	10.02	8.63	8.56	23.58

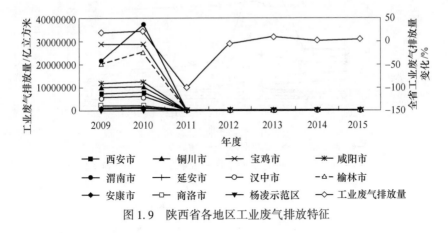

图1.9 陕西省各地区工业废气排放特征

表1.5给出了陕西省各地区二氧化硫排放数据，其特征如图1.10所示。从图1.10可知：截止到2011年，陕西省各地区二氧化硫排放量环比达到高峰；2011年以后，陕西省各地区二氧化硫排放量环比呈现缓慢下降走势。

表1.5 陕西省各地区二氧化硫排放数据 （t）

地 区	2009 年	2010 年	2011 年	2012 年	2013 年	2014 年	2015 年
全省	741872.63	706960	831221.87	747071.19	707145.92	671641.8	599320.83
西安市	82864.22	81504	97884.02	83072.91	69102.68	62604.03	38691.36

地 区	2009 年	2010 年	2011 年	2012 年	2013 年	2014 年	2015 年
铜川市	14749	16343	20133.47	18098.57	17196.22	17261.5	16890.78
宝鸡市	62564	57851	43711.03	30543.78	28778.05	28183.83	31706.19
咸阳市	96173	86305	69779.27	67258.1	62440.23	57182.78	52734.26
渭南市	302651	287814	305986.85	263224.64	252815.93	235067.6	210503.91
延安市	12125.18	11196	17587.44	17616.38	16517.57	16332.14	19313.97
汉中市	44880.34	37990	30769.86	30295.16	30836.99	28349.7	22798.85
榆林市	109428	110499	212252.02	206252.2	200777.88	198408.64	174539.78
安康市	5870.32	5983	9816.09	9649.37	9394.15	9301.29	11273.77
商洛市	10327	11234	22788.26	20562	18797.21	18463.35	19818.21
杨凌示范区	240.56	241	513.57	598.1	489	486.95	1049.76

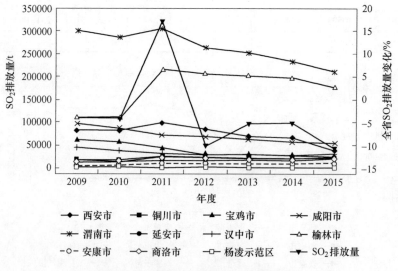

图1.10 陕西省各地区 SO_2 排放特征

表1.6给出了陕西省各地区氮氧化物排放数据,其特征如图1.11所示。从图1.11可知:截止到2011年,陕西省各地区氮氧化物排放量环比达到高峰;2011年以后,陕西省各地区氮氧化物排放量环比呈现缓慢下降走势。

表1.6 陕西省各地区氮氧化物排放数据 (t)

地 区	2009 年	2010 年	2011 年	2012 年	2013 年	2014 年	2015 年
全省	150864.72	119091.00	633708.39	604470.48	552077.83	509574.95	434231.96
西安市	20409.68	16675	48678.15	41862.71	34917.49	31823.37	22364.26

续表 1.6

地　区	2009 年	2010 年	2011 年	2012 年	2013 年	2014 年	2015 年
铜川市	3805.63	3336	54940.83	52807.41	44071.53	36892.85	39207.3
宝鸡市	8645.17	8714	61592.14	57569.25	53986.13	48406.42	45901.36
咸阳市	12479.6	11757	86067.25	81879.84	74190.19	62110.73	56606.12
渭南市	42856.72	19224	170036.75	165187.79	153635.66	141648.63	87235.41
延安市	6727.9	7018	4451.92	4637.07	4737.02	5914.74	7525.73
汉中市	24087.39	20672	22964.32	21515.68	20275	18373.76	17476.58
榆林市	20652.14	22168	173600.05	168526.58	157036.13	154373.89	146643.7
安康市	4884.63	3649	6295.37	5843.08	5168.08	5714.95	6319.81
商洛市	6279.27	5829	4909.61	4498.33	3985.98	4240.97	4497.05
杨凌示范区	36.59	49	172	142.74	74.62	74.64	454.64

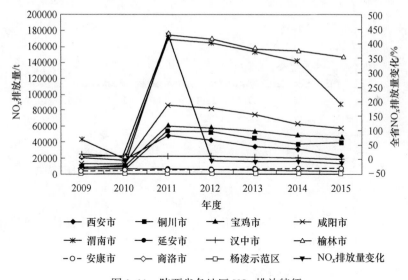

图 1.11　陕西省各地区 NO_x 排放特征

从图 1.10 和图 1.11 可以看出，二氧化硫和氮氧化物排放量的走势相当相似，表明二氧化硫和氮氧化物排放源相似。

表 1.7 给出了陕西省各地区烟（粉）尘排放数据，其特征如图 1.12 所示。从图 1.12 可知：截止到 2010 年，陕西省各地区烟（粉）尘排放量环比达到高峰；2011 年，全省各地区烟（粉）尘排放量环比急剧下降到最低位；2011 年以后，陕西省各地区烟（粉）尘排放量环比缓慢上升直至达到平稳状态。

表 1.7 陕西省各地区烟（粉）尘排放数据   （t）

地 区	2009 年	2010 年	2011 年	2012 年	2013 年	2014 年	2015 年
全省	150864.73	119091	633708.4	604470.02	552077.83	509574.96	434231.95
西安市	20409.68	16675	48678.15	41862.71	34917.49	31823.37	22364.26
铜川市	3805.63	3336	54940.83	52807.41	44071.53	36892.85	39207.3
宝鸡市	8645.17	8714	61592.14	57569.25	53986.13	48406.42	45901.36
咸阳市	12479.6	11757	86067.25	81879.84	74190.19	62110.73	56606.12
渭南市	42856.72	19224	170036.75	165187.79	153635.66	141648.63	87235.41
延安市	6727.9	7018	4451.92	4637.07	4737.02	5914.74	7525.73
汉中市	24087.39	20672	22964.32	21515.68	20275	18373.76	17476.58
榆林市	20652.14	22168	173600.05	168526.58	157036.13	154373.89	146643.7
安康市	4884.63	3649	6295.37	5843.08	5168.08	5714.95	6319.81
商洛市	6279.27	5829	4909.61	4498.33	3985.98	4240.97	4497.05
杨凌示范区	36.59	49	172	142.74	74.62	74.64	454.64

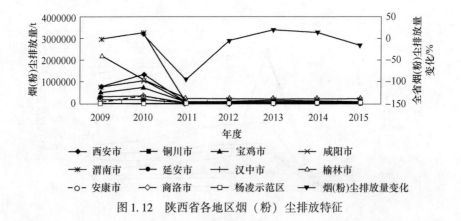

图 1.12 陕西省各地区烟（粉）尘排放特征

从图 1.9 和图 1.12 可以看出，工业废气和烟（粉）尘排放量的走势相当相似，表明工业废气和烟（粉）尘排放量排放源相似。

1.6 陕西省各地区废水排放特征分析

表 1.8 给出了陕西省各地区废水排放数据，其特征如图 1.13 所示。从图 1.13 可知：截止到 2011 年，陕西省各地区工业废水排放量环比达到低点；2011 年以后，陕西省各地区工业废水排放量环比缓慢上升。

表 1.8 陕西省各地区工业废水尘排放数据   （万吨）

地 区	2009 年	2010 年	2011 年	2012 年	2013 年	2014 年	2015 年
全省	49899.67	48049.52	40806.28	38036.5	34870.56	36163.4	37729.95

续表1.8

地 区	2009 年	2010 年	2011 年	2012 年	2013 年	2014 年	2015 年
西安市	13170.29	13849.52	13274.21	10223.73	7771.15	6339.85	5203.56
铜川市	411.06	328.47	350.25	432.99	424.16	402.46	398.07
宝鸡市	13508.81	11520.88	4820.68	5498.32	4579.29	4687.37	5445.35
咸阳市	6938.77	8140.42	7000.48	6032.88	5237.92	4705.92	5645.52
渭南市	5341.24	3245.17	3254.93	3302.99	4874.75	5849.43	5859.73
延安市	1044.8	1389.87	2029.28	2648.53	2360.1	2114.39	2509.74
汉中市	2450.54	2243.56	2810.23	2262.5	2326.99	2511.5	2192.18
榆林市	4534.46	4798.75	4892.23	4719.75	4344.38	6254.68	7224.13
安康市	367.94	292	355.48	428.86	452.97	464.45	478.92
商洛市	2075.56	2170.04	1879.97	2354.64	2360.1	2695.93	2642.79
杨凌示范区	56.2	70.85	138.55	141.32	138.75	137.42	129.97

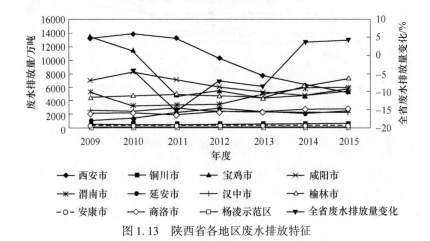

图 1.13 陕西省各地区废水排放特征

表 1.9 给出了陕西省各地区化学需氧量排放数据，其特征如图 1.14 所示。从图 1.14 可知：截止到 2011 年，陕西省各地区化学需氧量排放量环比达到低点；2011 年以后，陕西省各地区化学需氧量排放量环比缓慢上升。

表 1.9 陕西省各地区化学需氧量排放数据 （t）

地 区	2011 年	2012 年	2013 年	2014 年	2015 年
全省	106369.61	98456.14	95399.89	95565.24	109270.7
西安市	32728.6	24381	21614.71	20137.42	24296.3
铜川市	1342.73	1463.39	1463.4	1489.61	1648.1
宝鸡市	14061.88	14584.75	14127.01	14073.14	17888.43

地　区	2011 年	2012 年	2013 年	2014 年	2015 年
咸阳市	14841.35	14542.94	14427.04	14564.03	18400.82
渭南市	21313.6	20427.18	20334.6	20966.5	23003.22
延安市	4623.45	4879.34	5006.6	5188.63	4755.08
汉中市	5355.67	5192.48	5409.48	5547.23	5293.97
榆林市	3325.97	3676.55	3738.11	3816	3966.14
安康市	3670.43	3978.95	4151.44	4293.79	4390.28
商洛市	4750.36	4947.93	4725.9	5049.41	5172.44
杨凌示范区	355.58	381.63	401.6	439.47	455.92

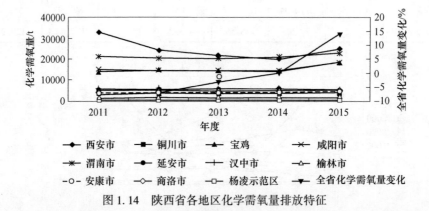

图 1.14　陕西省各地区化学需氧量排放特征

表 1.10 给出了陕西省各地区氨氮排放数据，其特征如图 1.15 所示。从图 1.15 可知：截止到 2013 年，陕西省各地区氨氮排放量环比达到低点；2013 年以后，陕西省各地区氨氮排放量环比缓慢上升。

表 1.10　陕西省各地区氨氮排放量排放数据　　　　（t）

地　区	2011 年	2012 年	2013 年	2014 年	2015 年
全省	8694.46	8653.04	8346.47	8674.67	9215.42
西安市	1346.96	1695.89	1632.47	1582.74	1158.78
铜川市	7.35	7.45	24.45	24.57	34.2
宝鸡市	1268.39	1071.06	884.69	922.68	1035.07
咸阳市	1467.27	1330.22	1298.62	1346.01	1423.68
渭南市	1141.34	1096.63	1030.2	1015.12	1330.15
延安市	252.34	245.53	248.34	259.33	232.28
汉中市	1198.43	1089.9	1064.31	1211.65	1370.57

地 区	2011 年	2012 年	2013 年	2014 年	2015 年
榆林市	575.15	725.01	737.17	773.44	795
安康市	246.13	243.11	255.85	267.55	264.83
商洛市	1182.73	1140.01	1159.15	1259.98	1558.71
杨凌示范区	8.37	8.23	11.23	11.6	12.15

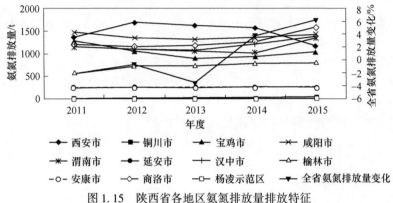

图 1.15　陕西省各地区氨氮排放量排放特征

1.7　本章小结

本章介绍了陕西省各市（区）重点污染企业及其分布情况。研究发现：

（1）陕西省市（区）的单位 GDP 能耗特征与重污染企业大气污染物排放量特征每年都非常相似。此现象表明，历年来陕西省市（区）重污染企业是这些市（区）的能耗最大用户，也是大气污染物的主要贡献者。

（2）陕西省各市（区）重污染企业大气污染物排放量与水污染物排放量特征非常相似。此现象表明，水污染严重的市（区）同时也是大气污染严重的市（区）。

（3）截止到 2010 年，陕西省各地区工业废气和烟（粉）尘排放量环比达到高峰；2011 年，全省各地区工业废气和烟（粉）尘排放量环比急剧下降到最低位；2011 年以后，陕西省各地区工业废气和烟（粉）尘排放量环比缓慢上升直至达到平稳状态。工业废气和烟（粉）尘排放量的走势相当相似，表明工业废气和烟（粉）尘排放量排放源相似。

（4）截止到 2011 年，陕西省各地区二氧化硫和氮氧化物排放量环比达到高峰；2011 年以后，陕西省各地区二氧化硫和氮氧化物排放量环比呈现缓慢下降走势。二氧化硫和氮氧化物排放量的走势相当相似，表明二氧化硫和氮氧化物排放源相似。

（5）截止到 2011 年，陕西省各地区工业废水和化学需氧量排放量环比达到低点；2011 年以后，陕西省各地区工业废水和化学需氧量排放量环比缓慢上升。截止到 2013 年，陕西省各地区氨氮排放量环比达到低点；2013 年以后，陕西省各地区氨氮排放量环比缓慢上升。

参 考 文 献

[1] 陕西省环境保护厅. 陕西省重点国控大气污染企业名单［R/OL］.［2012-02-29］. https：//wenku. baidu. com/view/ac9453ef81c758f5f61f6743. html.

[2] 陕西省环境保护厅. 陕西省重点国控水污染企业名单［R/OL］.［2012-05-18］. https：//wenku. baidu. com/view/aa763d1452d380eb62946d27. html.

[3] 陕西省环境保护厅. 陕西省重点污染源名录［R/OL］.［2011-11-10］. https：//wenku. baidu. com/view/c19d136c7e21af45b307a8db. html.

2 重污染企业技术变迁式转型升级模式

2.1 重污染企业技术变迁的描述方法

在旧的环境经济政策模型中，技术进步常常被当作非经济的外生变量，通过APEI（autonomous rate of production efficiency improvement，生产效率自主改善率）参数或支撑技术反映在模型中。但是，越来越多的证据表明技术进步应作为需求和压力诱导产生的重要内生变量。内生技术变迁模型中的三种主要组成包括：R&D投资、R&D溢出效应和技术学习。在新的环境经济政策模型将技术变迁当作内生的，这样就可以应对诸如价格、R&D投资或累积生产等社会经济政策变量的变化。内生技术变迁依赖于对外生定义参数的假设，因此就要求计量经济学研究为模型提供实证基础。

2.1.1 技术变迁的外生描述——APEI

APEI包括了所有可能改变生产率的影响因素，例如经济结构、生活方式的变化和技术变迁。在APEI模型中经济增长和资源利用常常被当作外生变量，这就提供了一个解释技术变迁影响的原型。APEI是一种所有非价格驱动型技术改善的探索性方法，反过来也会影响资源强度。技术变迁表示为投入 i（$\gamma_i > 0$）的外生价格，包含技术变迁的成本函数 c 如下所示：

$$c = \sum_i \left[\delta_i (p_i e^{-\gamma_i t})^{1-\sigma} \right]^{1/(1-\sigma)}$$

式中，δ_i 为投入 i 的分布函数；σ 为替代弹性；t 为时间；p_i 为投入 i 的价格，即APEI的水平。

APEI可以通过相对价格的生产投入需求变化反映政策变化。APEI既可以为生产者改善可用技术，也可以改变生产函数。其主要问题是包含技术进步的APEI难以区别究竟是技术进步，还是长期的价格变动效应。

宏观经济学模型中另一种包含技术进步的方法是加入外生供给的离散型新技术，即已经出现但尚未商业化的支撑技术。由于价格机制决定技术的生产率，支撑技术在两种情况下开始起作用：一是随着技术进步它们因趋于成熟而成本下降，二是价格上涨或者政策约束使得传统技术的生产成本提高。通常的假定是支撑技术以恒定速度无限供给，但是有着相对较高的边际成本，反映在R&D投资成本上。

支撑技术消除了日益上涨的资源成本的影响，因此，有效性和支撑技术成本的假定对模型结果有着重要影响。随时间推移，不同的支撑技术按照不同经济标准互相替代。外生技术变迁能够通过更高能效的技术评估现有资本存量的替代效应，但是不能在模型中评估创新或者扩散的作用。

2.1.2　技术变迁的内生描述

2.1.2.1　R&D 投资

将技术创新作为 R&D 投资的结果，这种方法由"诱导性技术变迁"的宏观模型发展而来。新经济增长理论是一种基于技术创新的对经济活动的认识。它源于经济体中追求利润最大化的代理人，是利润驱动的内生反应。知识就被明确视为非竞争性的和非（完全）排他性的。R&D 投资产生溢出效益或正外部性，从而促使经济无限增长。内生的技术变迁注重中性技术变迁的 R&D 总支出，而诱导性技术变迁（又称偏向性技术变迁）注重 R&D 的方向和技术变迁的偏离。在基于知识累积的局部均衡模型中，企业需要决策污染减排时间和既定排放目标下的最小 R&D 投资。诱导性技术进步被纳入污染减排成本函数中，由污染减排水平（A）和知识存量（H）决定。污染物减排中的知识累积和技术进步既可以基于 R&D，也可以基于"干中学"。

基于知识投资支出的重污染企业知识存量的演化可以表述为：

$$\frac{\mathrm{d}H}{\mathrm{d}t} = \alpha_t H_t + k\varphi(I_t,\ H_t)$$

式中，I 表示诸如 R&D 的知识投资支出；α 表示技术进步速率；φ 表示知识存量函数；参数 k 描述以 R&D 或"干中学"为基础的诱导性技术进步。

基于知识投资支出的重污染企业知识存量函数为：

$$\varphi_t = \lambda_0 + \lambda_1 \ln(I_t) + \lambda_2 \ln(H_t)$$

式中，λ_0、λ_1、λ_2 为重污染企业知识存量系数。对于企业的发展阶段，λ_0、λ_1、λ_2 取值较大，表明企业技术积累不断增多；对于企业的稳定阶段，λ_0、λ_1、λ_2 取值变小，表明企业技术积累增加到一定程度后，增速开始变慢；对于企业的衰退阶段，λ_0、λ_1、λ_2 取值可能成为负值，表明企业技术积累增加到最大程度后，技术已流行开来，企业技术积累变相降低。

基于污染物减排水平的重污染企业知识存量演化为：

$$\frac{\mathrm{d}H}{\mathrm{d}t} = \alpha_t H_t + k\varphi(A_t,\ H_t)$$

基于污染物减排水平的重污染企业减排知识存量函数为：

$$\varphi_t = \eta_0 + \eta_1 \ln(A_t) + \eta_2 \ln(H_t)$$

式中，η_0、η_1、η_2 为重污染企业减排知识存量系数。对于减排实施初期，η_0、η_1、η_2 取值较大，表明企业减排技术积累不断增多；对于减排实施稳定阶段，η_0、η_1、η_2 取值变小，表明企业减排技术积累增加到一定程度后，增速开始变慢；对于减排实施后期，η_0、η_1、η_2 取值可能成为负值，表明企业减排技术积累增加到最大程度后，减排技术已流行开来，企业减排技术积累变相降低。

当基于 R&D 的知识累积非常昂贵的时候，重污染企业可以任意转向"干中学"为基础。

在 DICE Cobb-Douglas 生产函数中加入资源投入，能效改善的速度随着 R&D 投资改变而变化，在此框架下减排得益于诱导性技术变迁或者要素替代。将经济产出（Q）作为知识资本存量（K_R）、实物资本（K）和劳动力（L）的函数：

$$Q = AK_R^{\beta}(L^{\gamma}K^{1-\gamma}) \tag{2.1}$$

式中，A 为外生的技术变迁。由于知识存量作为一个生产要素，知识资本的变化提高生产率并导致非环保的技术进步。只要知识 β 的产出弹性为正，生产规模报酬就会递增。另外，知识存量对排放-产出比（E/Q）有影响：

$$\frac{E}{Q} = (\sigma + \chi e^{-\alpha K_R})(1 - \mu)$$

式中，σ 为外生技术变迁；μ 为污染物削减速度；α 描述考虑知识资本的排放-产出比弹性。

只要规模系数 χ 为正，R&D 就会产生诱导性技术变迁。诱导性技术变迁通过 R&D 影响的生产函数实现（与方程式（2.1）类似），同时强调了考虑诱导性技术变迁机会成本的重要性。

2.1.2.2　技术学习

学习曲线在环境经济政策研究中非常重要，"干中学"可以作为技术变迁的一种来源。在基于学习机制的基本模型中，技术进步表述为某项技术成本（C）随累积容量（K）的增加而降低。知识积累发生于"干中学"或"用中学"过程中，知识累积容量也被用作知识积累的测度。常用的"干中学"函数为：

$$C = \alpha K^{-\beta}$$

式中，α 为标准化参数；β 为学习弹性或学习指数，也可以称为技术进步指数（progress rate，PR），并且定义学习速率。补偿学习速率（$LR = 1 - PR$）表示随着累积容量的增加，投入资本的减少速度。IEA（2000）给出不同能源技术的学习速率，如表 2.1 所示，可以发现存在十分明显的区别：比如在欧洲，要使技术成本降低一半，生物质能的累积装机容量要提高 19 倍，而光伏电池的累积装机容量只需要提高 3 倍。相应地，新技术具有商业竞争力的时间跨度也十分不同。

表 2.1　不同能源技术的学习速率　　　　　（%）

能源技术	欧洲	美国	其他地区
光伏电池	35	18	

能源技术	欧洲	美国	其他地区
风能	18	32	
生物质能（电力）	15		
乙醇生产			20
临界煤	3		
混合燃气循环	4		

来源：IEA（2000）以及 Andreas（2002）。

技术学习常常表现出不同的阶段性。在研发和示范阶段（RD&D），当技术寻找保护市场时常常表现出很高的学习速率。在商业化或扩散阶段，学习速率较低。当市场成熟时，学习速率接近于零且技术学习效应不显著。为了避免对未来技术进步速率的高估或低估，在对历史数据外推时需要考虑技术所处的不同阶段。

2.1.2.3　其他方法

另外还有许多其他专门分析技术变迁的模型。由于难以直接观察到技术进步，各种计量经济学研究通过观察其他变量的动力学来推测技术变迁（隐藏变量法）。估计方程通过经济变量影响技术进步来描述机制。这种方法中的技术进步是非自主的，但并没有模型化为经济代理人行为最优化的结果。技术变迁常常被模型化为经验函数，而不是决定性的 APEI。

在环境经济政策模型中加入技术变迁的方法还包括利用宏观计量经济学中带有包括不同技术 capital-vintage 的资本模型。这些技术对生产函数、投入结构或者 vintage 弹性有影响。比如说，对于生产投入之间替代的可能性，新 vintage 可能要高于旧 vintage，或者每个 vintage 的生产函数参数可能有所不同。因此，投入结构不仅仅取决于价格变动时 vintage 的替代可能性，也依赖于新的 vintage 投入结构和新投资投向经济体的速率。vintage 概念下分离出来的技术进步来自调节，比如旧 vintage 的瓦解改变了资源相关系数，以及增加新 vintage 的投入相关系数。目前已有的很多 vintage 模型，既有宏观计量经济学模型，也有动态一般均衡模型或者以技术为基础的自下而上模型。但是，在每年的资本 vintage 中，加入技术进步的 vintage 方法（除了资本投资的速度和规模）也是一种将技术进步外生化的方法。

在生产率增长和资本存量相结合的技术进步函数中加入诱导技术变迁，技术进步（T_t）与总投资和 R&D 支出之间简单地遵循递归关系。

$$T_t = \alpha_0 + \alpha_1 d_t$$
$$d_t = \beta d_{t-1} + (1 - \beta)\ln(I_t + \gamma RD_t)$$

式中，α_0 和 α_1 恒定不变；β 为上一期投资对当期技术进步的影响系数（比如 R&D 和总投资形成的技术系数可以表示资本存量随时间的变化）；γ 为 R&D 支出的权重；I 为总投资；RD 为 R&D 支出。但是这个是内生技术变迁的简化模型。

从资本存量（K）的动力学中推断技术进步，这里的资本存量（K）可以分为节能型（K_e）和耗能型（K_p）两部分。每年这两部分都会加入资本存量的新 vintage。总资本（g）的增长速度如下：

$$g = g_p + (g_e - g_p)\frac{K_e}{K_p}$$

式中，g_e 和 g_p 分别为通过计量估计的不同资本存量的增长速度。内生决定企业 R&D 额度的有相对价格、市场需求、诸如环境税或 R&D 补贴的政策变量等因素。

R&D 支出的增加可能会形成对环境友好型资本的投资，环境友好型资本同污染型资本的存量比被当作是技术进步的一个指数，也就是说 R&D 和技术进步之间存在一定的数量关系。

2.1.3 外生性与内生性技术变迁的含义

APEI 会导致投资决策的显著延迟，并且直到技术的价格低到具有市场竞争力。尽管行动越晚，减排要求会更高，但是等待减排成本降低仍不失为好的选择。在内生技术变迁中，最低成本削减路径的偏离更为复杂。当存在 R&D 诱导的技术变迁时，一些减排会从当期转向未来。诱导性创新不仅仅降低边际减排成本，也会降低当期排放的影子成本（因为未来的减排成本更低）。因此最优减排水平在早期更低而未来更高。在包含"干中学"的模型中，早期的减排措施是更可取的，因为它们形成可以降低未来相对减排成本的知识。有内生技术变迁时，搁置的成本可能要提高几倍。

2.2 典型重污染企业转型升级模式

附录 A 列出了国内重污染企业转型升级成功案例 21 例。下面对陕西省重污染企业的技术变迁式转型升级模式进行设计和分析。

2.2.1 煤炭行业

煤炭行业的高能耗体系使得产业竞争优势不再明显，产业发展受到环境因素的严格制约，难以满足经济持续增长的要求。2014 年，我国煤炭消费量占一次能源消费总量的比重高达 66%，分别比世界平均水平和 OECD 国家高 36%、47%，能源消费结构极不合理；陕西省煤炭消费量占一次能源消费总量的比重高达 70% 左右，高于国内平均水平。此外，煤炭行业产能严重过剩，突出表现在低附加值煤炭产品方面。

在创新驱动发展战略推动下，陕西省大型煤炭企业要以供给侧结构性改革为契机，推进转型升级发展，化解煤炭产能过剩问题，增强供给实力。在供给侧结构性改革背景下，大型煤炭企业要深入分析内外部环境，平衡好各方面的利害关系，选择适合自身的转型升级模式，实现可持续发展。陕西省大型煤炭企业转型升级模式选择原则如下：

（1）生态化原则。创新和绿色发展理念逐步深入人心，煤炭企业以破坏环境求发展的旧模式失去了生存空间。要素端改革要求促进土地、劳动力、资本管理等要素合理配置，激发要素活力。大型煤企在选择转型升级模式时，要提高资源利用效率，实施生产清洁化改造，强化可持续发展理念。

（2）集约化原则。供给侧结构性改革致力于淘汰落后产能，聚焦创新领域，创造新的经济增长点，集约化发展大有可为。随着改革的不断深入，越来越多的经营要素融入企业发展全过程，要优化资源配置，提高产品质量，满足市场需求。

（3）品牌化原则。企业转型升级的目的之一就是增强核心竞争力。品牌是企业竞争实力的重要表征，品牌形象影响顾客消费意愿和购买决策。大型煤企在选择转型升级模式时，要加强品牌建设，突出品牌优势，满足消费者的高品质需求。

（4）经济化原则。在管理学领域，经济化原则是组织设计的传统原则，是以较少的人员、较窄的组织层次、较少的时间达到有效的管理。大型煤炭企业在推进转型升级过程中，要坚持经济化原则，提高运营效率。

陕西省大型煤炭企业（矿区）的特点可归纳如下4个方面：（1）上市公司少，只有陕西煤业股份有限公司（陕西煤业）1家；（2）重点大型煤炭矿区的产量占陕西省总产量很大，但煤炭利用效率一般；（3）大型煤企承当重要作用，但整合转型升级能力较弱；（4）公司的环境保护代价巨大。本书总结了几种适合陕西省大型煤炭企业发展的转型升级模式，并对其特点进行了提炼，说明了适用情况和实现方式。煤炭企业转型升级模式如表2.2所示。

表 2.2　煤炭企业转型升级模式

转型升级模式	特　点	适用情况	包含方式
以煤炭为主导的产业延伸模式	对企业技术要求高、相应的人才需求，形成规模效应	企业发展的增产期、稳定期	向上、下游相关产业或支撑产业延伸
运用企业优势，复合转型升级模式	选择新的领域，利润空间大，需要相应政策的扶持	企业发展的稳定期、衰退期	不放弃煤炭资源经营，进入新兴（第三）产业
以生态环境为主，恢复治理模式	选择与环境相对应的绿色产品	企业在任何时期都可以制定企业发展与环境协调的政策	以环境绿色产品发展为主，结合企业自身情况发展，选择对生态恢复有帮助的产业

（1）以煤炭为主导的产业延伸模式。供给侧结构性改革并不是推倒重来，跨领域经营并不是大型煤炭企业转型升级的首选模式。陕西省煤炭存储量较充裕，大型煤炭企业选择转型升级模式时，都会考虑以煤炭为主导的产业延伸模式。此种模式给予企业更加充分的时间和准备，比较好入手，相对来说是非常不错的选择。陕西大型煤炭企业可以按照统筹规划、科学布局、集约开发、绿色开采、高效转化、清洁利用的煤炭发展方针，坚持调整存量、做优增量，坚持提质增效、集约发展，坚持深化改革、创新驱动，坚持绿色开发、清洁利用的原则，发挥好陕西区位和煤炭产业竞争优势，最大限度争取增量规模，优化煤炭产业竞争力结构，积极稳妥地实施"走出去"战略。

（2）运用企业优势，复合转型升级模式。在供给侧结构性改革战略提出之前，对于陕西境内的一些中小规模煤炭企业，可以运用煤炭的资源优势探索其转型升级道路，在不弃主业的条件下，积极纳入其他相关产业。运用企业的优势，复合转型升级的模式在陕西省也是具有可以实施的空间。

（3）以生态环境为主，恢复治理模式。"十三五"规划将绿色发展理念置于重要地位，倡导传统资源型企业绿色发展。陕西省煤炭资源富集区生态环境脆弱，不应走上"先发展后治理"的老路。所以，煤炭企业有责任在谋求发展的同时，考虑生态承载能力，选择一条以生态环境为主的恢复型治理模式。

2.2.2 煤化工行业

煤化工是以煤为原料，经过化学加工使煤转化为气体、液体、固体燃料及化学品，生产出各种化工产品的工业。煤化工包括传统煤化工和现代煤化工：（1）传统煤化工包括煤焦化、煤电石、煤合成氨（化肥）等领域；（2）现代煤化工以生产洁净能源和可替代石油化工的产品为主，包括煤制甲醇、煤制烯烃、煤制天然气、褐煤提质、煤制乙二醇和煤制油等。

现代煤化工是指以现代大型煤气化和液化技术为核心，以煤炭为原料、生产燃油和清洁燃气以及油气化工产品为目标的新兴煤基化工产业。现代煤化工技术虽然经过了数十年的技术研发和积累，但是国际上真正实现商业化的只有二战时期的德国和20世纪70年代受国际石油禁运制裁的南非采用煤炭制油。技术研发上，美国和日本曾经走在世界前列，但除美国大平原公司进行大规模煤制气生产外，再没有其他大型商业化装置投建。

我国自20世纪80年代起即一直开展煤炭气液化领域的技术研究，但现代煤化工大规模示范和发展只是近10年的事情。由于我国已成为世界第一大煤炭生产国和消费国，大量开采和直接燃烧使用煤炭，引起的生态环境问题严重，水土流失、烟尘、SO_2、NO_x问题突出，特别是近来由于雾霾天气在我国大面积频繁出现，大气环境质量问题越来越成为社会关切和热议的话题。国际上，由于极端气候的频繁发生,对温室效应气体排放忧心忡忡,提出了低碳发展的要求,对我国的碳排放问题也紧盯不放。

在国内外生态环境的压力下,我国政府郑重承诺发展现代煤化工促进煤炭工业转型升级,到 2020 年使我国单位 GDP 碳排放强度比 2005 年减少 40% ~ 45%。全社会都在期盼煤炭的清洁、高效利用。现代煤化工承载着煤炭清洁利用和补充油气资源不足的双重期盼应运而生,并快速发展。在兼收并蓄的基础上,短短 10 年间,我国即跃升为世界第一煤化工大国。国内外各种煤化工工艺技术路线和产品路线都在进行示范,并有迫不及待之势,使我国成为全球煤化工技术的"试验田"。

在各种现代煤化工技术还不很成熟,各种技术和产品路线的经济性、环保情况尚无确切定论时,"逢煤必化""遍地开花"越演越烈、热情越来越高,带来了项目工艺技术改进完善工作量大、调试周期长、环保设施不配套、资金压力巨大、项目经济性迟迟得不到发挥的负面影响,社会质疑之声此起彼伏。规范、引导我国现代煤化工的健康、科学发展成为当务之急。

针对现代煤化工发展中面临的一些突出的问题和矛盾,要在"突破"与"转型升级"上下功夫。"突破"就是要依靠技术创新,向高端技术突破,突破一批世界性难题,抢占一批领先于世界的技术制高点;"转型升级"就是发展方式要从要素规模型转向质量效益型,依靠技术创新驱动,走出一条资源消耗少、技术含量高、质量效益好、绿色可持续发展的新路。

以煤制油、煤制甲醇二甲醚、煤制烯烃、煤制天然气、煤制乙二醇五大产品为代表的现代煤化工技术,为煤炭清洁高效转化提供了可靠的技术支持。随着这些技术的成熟,煤炭通过煤化工技术可以生产出绝大多数以石油天然气为原料的化工产品,特别是利用西部地区煤炭资源和价格的优势,可以生产出比采用石油天然气更具竞争力的煤基化工产品,为转变煤炭单一产品结构的局面提供了切实可行的途径。利用现代煤化工技术,发展煤炭高效利用和清洁转化,对促进煤炭行业健康发展、实现产品清洁化和多元化,提高抵御市场风险能力,实现低碳发展和提高我国的能源安全、改变煤炭产业形象都具有重要意义。

陕西省煤化工企业转型升级模式如表 2.3 所示,附表 A.1 ~ 附表 A.11 给出了该行业转型升级成功案例的特征。

表 2.3 陕西省煤化工企业转型升级模式

转型升级模式	特 点	适用情况
技术创新联盟模式	由企业、科研机构、大学等组织构建以企业发展为导向的产学研技术创新产业联盟,极有效地提高产业的自主创新能力,最终提升产业的核心竞争力	企业发展的初期、稳定期、衰退期

转型升级模式	特　点	适用情况
引进+吸收模式	引入先进技术或引进先进成套生产设备，生产煤化工产品；对引进的技术和成套生产设备进行消化吸收，逐步实现国产化	企业发展的稳定期、衰退期
内生集约模式	加大科技研发力量突破关键技术；采用新技术、新工艺，改进机器设备、加大煤化工产品生产科技含量；通过生产技术装备创新的方式，走低消耗、低成本，环保利废、产品质量、经济效益不断提高的发展之路	企业发展的初期、稳定期、衰退期
循环经济模式	构建煤—电—焦—化—建材完整的循环经济产业链：原煤—洗选—化工用煤（配焦煤）—焦炭；矸石+中煤+煤泥—发电；电厂固废（粉煤灰）—免烧砖；焦炉煤气—回收煤焦油—甲醇—液氨；矿井废水—多级处理—锅炉—供热或发电；浓水+生活污水+雨水—多级处理—化工厂及电厂循环冷却水+绿化浇灌+洗煤用水等 6 个密闭循环链条。由于实现了"三废"资源化，大幅降低了"三废"对环境的污染，同时也降低了资源使用成本，从而大幅提高了经济效益	企业发展的初期、稳定期、衰退期
产业聚集模式	（1）提升煤化工产业的集聚度。通过企业重组，对位于同一化工产业集中区的化工企业，鼓励以资本、产权、技术、市场等为纽带进行重组。 （2）打造大型和超大型煤化工产业园区。通过区域重组，鼓励以资本、产权、技术、市场等为纽带进行园区跨地域合并重组。 （3）提升煤化工产业的重组整合力度，促进企业做大做强。 （4）促进产业协作，鼓励有实力的煤炭、化工等上下游相关企业间进行重组整合	企业发展的初期
煤化工+互联网模式	（1）借助互联网与信息化技术创新商务模式和手段，实现"煤化工+鼠标"式的转型升级。 （2）行业采购链和销售链借助互联网技术来推进，提供精准营销、互联网金融、工业大数据、云服务。 （3）从下游用户的需求出发设计产品、提供服务，确保多元化、个性化、定制化消费需求得以实现。 （4）充分利用多种金融工具，以便获得充足低廉的资金	企业发展的稳定期、衰退期

2.2.3　石油化工产业

从发达国家石油和化学工业发展的实践经验来看，一个完整的石油和化学工业产业链，从原材料起始到市场终端大体可分为五个产业结构层次：第一个结构层次为石油、天然气和化学矿山开采业；第二个结构层次为基础石油和化工原材料加工业；第三个结构层次为一般石油和化工加工制造业；第四个结构层次为高端化工制造业；第五个结构层次为战略性新兴石油和化工产业。

目前我国石化工业的结构主要集中在技术低端的前三类：第一层占 30%，第二层占 18.7%，第三层占 48.1%；而高端化工制造业和战略性新兴产业两个层次的产品我们几乎都是空白，加快我国产业结构优化调整的步伐，改变产业结构低端化、同质化的现状，提升创新能力、加快结构优化升级，是全行业面临的紧迫任务。

石化行业的主要矛盾是结构性过剩，是总量问题与结构性问题并存。主要表现在如下五个方面：一是产能过剩严重，结构性过剩，高端产品缺乏。结构性过剩主要体现在贸易逆差上。目前，我国 2015 年全行业的贸易逆差达到了 1621 亿美元。二是产业集中度低。国内石化企业大约 3 万家，最新的中国化工 500 强中，销售收入超过 1000 亿元的企业只有 4 家，500 家石化企业坚定走好调转升级之路亿元以上的有 14 家，占比不到 3%。园区总数为 502 家，年产值超千亿元的为 8 家，超 500 亿元的 43 家，占比不到 9%。三是创新能力差距大。2015 年，全行业研究投入为 1%，到 2020 年将提高到 1.2%。而巴斯夫到 2020 年将达 2.5%，拜耳将达 9.1%。四是资源环境约束大。五是安全形势严峻。

根据上述现状，国务院出台了《关于石化产业调结构促转型增效益的指导意见》，提出未来全行业要以"坚持企业主体与政府引导相结合，坚持增加供给与扩大需求相结合，坚持立足当前与着眼长远相结合，坚持调整存量与做优增量相结合"为基本原则，以"产能结构逐步优化，产业布局趋于合理，绿色发展全面推进，创新能力明显增强"为主要目标，实现"努力化解过剩产能，统筹优化产业布局，改造提升传统产业，促进安全绿色发展，健全完善创新体系，推动企业兼并重组，加强国际产能合作"的重点任务。

为贯彻落实国务院指导意见，解决能源化工产业结构性过剩问题，未来几年，能源化工产业应以关键技术为突破口，重点发展高性能树脂、特种合成橡胶、高性能纤维、功能型膜材料、电子化学品等高端产品，提高高端产品国内自给率。开展重大工程示范，加快重点材料、关键技术、成套设备的国产化进程，提高保障能力。因此，石油化工产业高端化发展问题，实际上是以产品高端化为导向的石油化工产业的转型升级问题，也就是解决石油化工产业供给侧所面临的问题。

陕西省石油化工企业转型升级模式如表 2.4 所示。

表 2.4　石油化工企业转型升级模式

转型升级模式	特　点	适用情况
差异化+高端化的产品升级模式	以自身核心产品为依托，加大科技研发力量，研发高端新品种，改进产品性能，开拓新的应用领域	企业发展的稳定期、衰退期

转型升级模式	特 点	适用情况
差异化+高端化的技术升级模式	以自身核心竞争力为依托，加大科技研发力量突破关键技术；或引入先进技术；或引进先进成套生产设备，生产石化高端产品	企业发展的稳定期、衰退期
内生集约模式	采用新技术、新工艺，改进机器设备、加大石化产品生产科技含量；通过生产技术装备创新的方式，走低消耗、低成本，环保利废、产品质量、经济效益不断提高的发展之路	企业发展的稳定期、衰退期
产业高度聚集模式	（1）提升石化产业的集聚度。 （2）打造大型和超大型石化产业园区	企业发展的初期
全球化EPC模式	（1）采用"EPC模式"开展全球化石化对外业务。 （2）提供"产品+技术+服务"一体化解决方案	企业发展的增产期、稳定期、衰退期
石油化工+互联网模式	（1）借助互联网与信息化技术创新商务模式和手段，实现"石油化工+鼠标"式的转型升级。 （2）行业采购链和销售链借助互联网技术来推进，提供精准营销、互联网金融、工业大数据、云服务。 （3）从下游用户的需求出发设计产品、提供服务，确保多元化、个性化、定制化消费需求的以实现。 （4）充分利用多种金融工具，以便获得充足低廉的资金	企业发展的增产期、稳定期、衰退期
智能管控模式	（1）引入智能制造体系。 （2）引入炼油全流程一体化优化平台	企业发展的稳定期、衰退期

2.2.4 水泥行业

目前，水泥行业存在如下特点：

（1）产能过剩倒逼，促进行业转型升级。目前，水泥行业出现了严重的产能过剩，2010年底水泥行业的产能利用率为73.7%，2015年的产能利用率还在下降，预计在70%以下，这个产能利用率明显低于正常的工业发展水平，造成行业产能严重过剩、市场低迷、行业效益下滑的原因，除市场因素外还有体制机制、管理方式、发展方式等诸多深层次的原因。

（2）资源环境倒逼，推动产业转型升级。2000年以来，我国水泥行业快速发展，取得了举世瞩目的成就，但是发展过程中付出的资源环境代价巨大，转型升级任务紧迫，同时资源短缺、环境污染等问题已成为制约水泥行业发展的重要因素。水泥行业在发展中面临着前所未有的资源环境压力和挑战。随着国家在矿山资源使用、能源消耗和环境保护等方面的改革逐步深入，使用成本越来越高，执法力度越来越严，对于水泥行业而言，这意味着未来开采成本、环保治理成本将大大增加，这也将在很大程度上倒逼水泥行业转型升级。

（3）市场机制倒逼，加速行业转型升级。据国家统计局统计，2015年前5个月全国累计完成水泥产量8.57亿吨，同比下降5.07%，东北、华北、西北三大区降幅都超过了2位数，4～6月份，国内水泥行业传统的市场小阳春未能如期而至。亏损企业数达到1339家（含粉磨站），占全部企业数量的40%。水泥市场竞争激烈，同时劳动力、土地、燃料等价格持续上升，生产要素成本加大，转型升级的约束相应增多。企业本身就存在技术改造、产品升级、设备更新等内在要求，以提升产品的市场占有率和企业核心竞争力。虽然经济周期性波动是经济规律有所支配的，但是要实现经济的平稳健康、可持续发展，最终起决定性作用的还是要调结构、促转变。严峻的市场形势无形中对水泥行业加力转型升级提出了更为迫切的要求。

根据水泥行业的实际情况，水泥行业的转型升级模式如表2.5所示，附表A.12～附表A.19给出了该行业转型升级成功案例的特征。

表2.5　水泥行业转型升级模式

转型升级模式	特　　点	适用情况
内生集约转型升级模式	在生产规模不变的前提下采用新技术、新工艺，改进机器设备、加大水泥生产科技含量；通过生产技术装备创新的方式，走低消耗、低成本，环保利废、产品质量、经济效益不断提高的发展之路	企业发展的稳定期、衰退期
两型一绿模式	改变"高耗能、高污染、资源性"的特点，使产业变为"环境友好型、资源节约型、绿色循环"型产业	企业发展的稳定期、衰退期
循环环保多功能型模式	利用水泥工业易产生危险废弃物、生活垃圾、污泥、建筑垃圾的特点，将废弃物进行资源化综合利用，使产业向循环环保多功能型产业转型升级	企业发展的增产期、稳定期、衰退期
多元化+差异化模式	以自身核心竞争力为依托，一方面实施产业链向两头延伸；另一方面加大科技研发力量，研发水泥新品种，改性产品性能，开拓新的应用领域	企业发展的增产期、稳定期、衰退期
互联网+转型升级模式	（1）借助互联网与信息化技术创新商务模式和手段，实现"水泥+鼠标"式的转型升级。 （2）行业采购链和销售链借助互联网技术来推进，提供精准营销、互联网金融、工业大数据、云服务。 （3）实践水泥期货市场交易，为平抑水泥市场"大起大落"，规避价格风险发挥积极作用	企业发展的增产期、稳定期、衰退期

转型升级模式	特　点	适用情况
国际化模式	（1）以"一带一路"为契机，坚持"走出去"战略，在"一带一路"沿线国家建厂。 （2）以资金、技术入股国外企业。 （3）以EPC模式开展国际合作	企业发展的稳定期、衰退期

（1）从"规模扩张、粗放增长"向"内生性、集约增长"转型升级。水泥行业的产能过剩与长期以来采用的经济增长方式有关。在新型干法技术基本成熟的背景下，近年来，水泥行业的快速发展基本上是粗放式的，靠新建规模的扩大来达到增长；而内生性增长集约型指的是，在生产规模不变的前提下采用新技术、新工艺，改进机器设备、加大科技含量最终实现经济增长。水泥行业不能再走过去发展的老路，现在迫切需要将经济增长方式从外延粗放型转变为内涵集约型。目前组织进行的第二代新型干法技术装备研发，就是向集约型转型升级的具体实践之一。通过生产技术装备创新的方式，走低消耗、低成本，环保利废、产品质量、经济效益不断提高的发展之路。

（2）从"两高一资"向"两型一绿"转型升级。"两高一资"即"高耗能、高污染、资源性"，"两型一绿"即"环境友好型、资源节约型、绿色循环产业"。水泥行业作为传统行业，长期以来一直被列为"两高一资"型行业，如何找出一条对于生态环境影响小、可持续发展的资源节约型和环境友好型低碳产业发展之路，是摆在水泥行业面前必须跨过的一道坎。与"两高一资"的传统水泥行业完全不同，我们要向"两型一绿"转型升级的现代水泥制造业转变。遵循"两型一绿"的发展原则，要打造环境友好、资源节约的绿色水泥制造产业，水泥行业要走出一条全新的低碳产业发展之路。

（3）从"纯基础原材料产业"向"循环环保多功能产业"转型升级。水泥行业作为基础性原材料产业，为国民经济建设作出了突出贡献。与此同时，近年来，水泥工业在水泥窑协同处置危险废弃物、生活垃圾、污泥、建筑垃圾等成功运行，发展循环经济方面发挥着积极的作用，而且其潜力和效益日益显现，得到了政府的肯定和社会的认可。海螺、华新、金隅等一批水泥企业形成了无害化处置和资源化利用各种类型城市垃圾的环保产业格局，成功实现了"城市净化器"完美转型升级，成为生态文明建设的生力军。水泥行业要充分研究、利用废弃物替代原燃材料，搞好循环经济。随着社会的发展，城镇化建设的进度，行业环保功能将大有用武之地，水泥行业要从纯基础原材料产业向同时具有环保功能的产业转型升级。

（4）从"产品同质化"向"多元化、差异化"转型升级。水泥行业的生产工艺高度相同，生产用主要原材料石灰石分布广泛，同时水泥是标准化产品，具有很强的同质性，现阶段行业处于一个同质化竞争发展的阶段。要突破水泥产品同质化的发展瓶颈，就要技术创新，一方面产业链向两头延伸，这方面许多企业已经进行了成功实践，如向矿山骨料、商品混凝土、物流运输、水泥制品等方面延伸；另一方面就是要加大科技研发力量，研发水泥新品种，改性产品性能，开拓新的应用领域，如核电水泥、道路水泥、油井水泥、海工水泥等。要积极推广使用高标号水泥和高性能混凝土，促进岛礁海水拌养混凝土产业化，不断提高水泥产品差异化和附加值，以质量提高增效代替数量增长增效。

（5）从"传统供销模式"向"电子商务、互联网+"转型升级。在激烈的市场竞争下，水泥行业传统的采购和销售模式已经显现出诸多弊端，而电子商务如雨后春笋蓬勃发展，国家积极推进两化融合和电子商务，水泥行业需要借助互联网与信息化技术创新商务模式和手段，实现"水泥+鼠标"式的转型升级。在大数据背景下，行业采购链和销售链都需要借助互联网技术来推进，提供精准营销、互联网金融、工业大数据、云服务。行业在这些方面已经进行了探索，如华新水泥、上峰水泥都开始尝试电子商务运作。要积极发展水泥配件供应链服务业，同时也要积极探索实践水泥期货市场交易，为平抑水泥市场大起大落，规避价格风险发挥积极作用。

（6）从"本土化企业"向"国际化企业"转型升级。国家鼓励水泥企业走出去，参与"一带一路"建设，参与国际市场竞争，支持有实力的企业走出国门，开展水泥建设工程总承包和直接投资办厂，使我国水泥工业由产品输出向资本、装备、技术、管理、服务等配套输出的国际化经营方向发展。"走出去"的目的在于利用"两个市场、两种资源"，使中国水泥行业的产品、服务、资本、技术、劳动力、管理走向国际市场"走出去"投资办厂，与发达国家开展竞争，与世界发展中国家搞经济技术合作。目前我国水泥行业正处于积累海外资源，培养海外市场和品牌的阶段，必须积极响应国家"一带一路"号召，在"一带一路"建设中有所作为。从本土化企业向国际化企业、跨国公司转型升级，这也是中国水泥行业做大做强的重要标志。

2.2.5　煤电行业

火力发电是我国的主要发电形式，长期占据总装机容量和总发电量的七成左右比例。火力发电包括燃煤发电、燃气发电、燃油发电、余热发电、垃圾发电和生物质发电等具体形式。基于我国资源国情和各类发电形式的技术经济性，燃煤发电长期占据我国发电领域和火电领域的主导地位。2016年我国火力发电装机容量为105388万千瓦，其中燃煤（含煤矸石）发电装机容量占89.4%；火力发电量为42886亿千瓦·时，其中燃煤（含煤矸石）发电量占91.1%[1]。

在当前宏观经济和社会背景下，相关研究认为我国煤炭消费和燃煤发电的比例已经达到峰值[2]，未来将逐步下降。2016年我国煤炭消费量下降4.7%，煤炭消费量占能源消费总量的62.0%，比上年下降2.0个百分点[3]；燃煤（含煤矸石）发电装机容量占总装机容量的57.3%，比上年下降1.7个百分点；燃煤（含煤矸石）发电量占总发电量的65.2%，比上年下降2.7个百分点，均延续了下降趋势。

预计"十三五"后期火电产业形势依然严峻，对于燃煤发电建设的风险预警机制将继续发挥作用[4]。国家能源局将通过经济性、装机充裕度和资源约束三项预警指标，设置绿色、橙色和红色评级，指导地方政府和企业有序规划和建设煤电项目。

2016年我国6MW及以上电厂供电标准煤耗下降至312g/(kW·h)，发电标准煤耗下降至294g/(kW·h)。燃煤发电的供电煤耗和发电煤耗近年来呈现逐年下降趋势，目前我国采用600℃超超临界燃煤发电技术的1000MW级湿冷机组、1000MW级空冷机组、600MW级湿冷机组和600MW级空冷机组的供电煤耗典型值依次为286g/(kW·h)、298g/(kW·h)、291g/(kW·h)和299g/(kW·h)左右[5]。

燃煤发电的环保指标方面，采用排放绩效指标[6]进行综合评价，2015年我国燃煤发电的烟尘、SO_2和NO_x的排放绩效依次为0.09g/(kW·h)、0.47g/(kW·h)和0.43g/(kW·h)[7]，CO_2排放绩效按照供电煤耗折算约为780g/(kW·h)水平，整体排放绩效达到世界先进水平。采用超低排放技术的燃煤发电机组，烟尘、SO_2和NO_x的排放绩效可以进一步降低至0.003g/(kW·h)、0.04g/(kW·h)和0.09g/(kW·h)[8]。

燃气发电技术指标方面，我国主流采用的F级燃气轮机的单循环效率约为38%，联合循环效率约为58%。先进的G/H/J级燃气轮机单循环效率和联合循环效率分别可以达到41%和61%。燃气发电几乎不排放烟尘和SO_2，采用F级燃气轮机发电的NO_x排放绩效典型值约为0.30g/(kW·h)，CO_2排放绩效约为450g/(kW·h)水平，在环保指标方面相比燃煤发电具备一定优势，也是近年来燃气发电装机容量和发电量增长更为迅速的原因之一。

燃煤发电领域，近年来相关基础科学的前沿课题包括富氧燃烧[9,10]、化学链燃烧[11,12]、镍基高温合金[13]等，工程相关的前沿技术包括700℃超超临界[14]、二次再热[15]、间接空冷[16]、超低排放[17]、碳捕集利用与封存[18,19]（CCUS）、煤基超临界CO_2布雷顿循环[20,21]、煤气化联合循环[22,23]（IGCC）、循环流化床（CFB）[24]等。

高效、清洁是未来燃煤发电的主要发展方向。燃煤发电技术的蒸汽参数不断提高，供电效率也不断提升，如表2.6所示。700℃超超临界燃煤发电的主蒸汽温度将提高至700℃以上，供电效率将提升至50%[25]。燃煤发电供电效率的提高，将相应地带动烟尘、SO_2、NO_x 和 CO_2 等污染物和温室气体排放的减少[26]，以及单位电量成本等经济指标的提升。相比600℃超超临界燃煤发电，700℃超超临界燃煤发电的供电煤耗可以降低约36g/（kW·h），CO_2 排放减少13%左右。

表2.6　燃煤发电技术形式的蒸汽参数与供电效率典型

技术形式	蒸汽压力/MPa	蒸汽温度/℃	供电效率/%
亚临界	16.7	538	39
超临界	25.4	566	41
600℃超超临界	26.5	600	45
超超临界二次再热	31.0	620	47
700℃超超临界	35.0	700	50

煤气化联合循环方面，目前 IGCC 示范电站效率已经可以达到42%～46%，未来有望超过50%[27]。IGCC 技术在环保指标方面优势明显[28]，其烟尘排放接近于零，脱硫率可达98%，脱氮率可达90%。IGCC 技术还可以与 CCUS 技术相结合，实现 CO_2 的近零排放。

燃煤发电的经济性方面，2016 年我国燃煤发电的建设成本约为4500～5000元/kW 水平，单位电量成本结合 2016 年燃煤价格水平，按照平准化发电成本（LCOE）计算约为 0.28 元/（kW·h）水平。

燃气发电领域，近年来前沿技术主要包括燃气蒸汽联合循环（NGCC）[29]、太阳能-天然气互补联合循环（iISCC）[30,31]、微燃机与分布式冷热电联供（CCHP）[32]、煤层气发电[33] 等技术。

预计到 2020 年，随着先进燃气轮机发电机组的建设与投运，燃气轮机单循环效率可以达到40%水平，联合循环效率可以提升至 60% 水平[34]。

燃气发电的经济性方面，2016 年我国燃气发电的建设成本约为 7000～9000元/kW 水平，单位电量成本约为0.57 元/（kW·h）水平，仍然属于单位电量成本较高的发电形式。燃气发电近年来装机容量和发电量增长较快，其中煤层气发电、页岩气发电等非常规燃气发电，有望通过利用成本相对低廉的燃气，在"十三五"后期和未来长期中不断降低单位电量成本并实现高速增长。

余热发电近年来装机容量和发电量增长迅速，在火力发电中已经占据一定比例。余热发电领域的前沿技术近年来不断涌现，主要包括有机朗肯循环（ORC）[35]、利用余热的超临界 CO_2 布雷顿循环、斯特林循环[36] 等。其中有机朗肯循环主要利用80～350℃中低温余热，效率处于10%～20%范围[37,38]。超临界 CO_2 布雷顿循环可以利用500～800℃热源，适合于对接600℃超超临界煤基发电、光热发电[39]、高温气冷堆核电[40] 和中高温余热发电等发电形式。斯特林循环可以回收 100~300℃ 的中低温余热, 热源形式灵活, 供电效率可以达到 20% 以上。

各类火力发电前沿技术, 分别具备不同的优势技术指标。在各项技术指标中, 效率和规模是决定前沿技术产业化发展的两项关键指标。效率对于发电形式的经济指标和环保指标影响显著, 而规模决定了产业应用形式更适合于集中式发电或分布式发电。

图 2.1 总结了各类火力发电技术形式的效率和效率方面, 通常发电技术的机组规模越大、热源温度越高、梯级利用越完善时, 能量转换效率就越高。从效率角度来看, 700℃ 超超临界、IGCC、NGCC、超临界 CO_2 布雷顿循环、热电联产、冷热电联产等前沿技术的效率普遍接近或超过 50%, 未来有望成为代表性的高效火力发电技术。效率较低的技术形式, 则将更多地应用于特定领域, 例如 CFB 技术应用于煤矸石发电、生物质发电和垃圾发电等领域, 成为火力发电产业中的有力补充。规模方面, 微燃机、内燃机、ORC、斯特林循环等技术形式的单机规模通常小于 10MW, 更适用于分布式发电; 常规燃煤发电、CFB、IGCC、燃气轮机、NGCC、热电联产、冷热电联产、超临界 CO_2 布雷顿循环等技术形式的单机规模通常大于 10MW, 更适用于集中式发电。

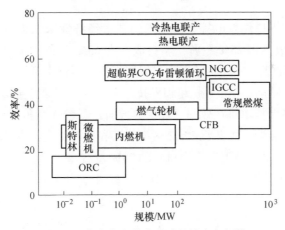

图 2.1 火力发电技术形式的效率与规模

火力发电的单位电量成本, 可以按照常用的平准化发电成本 (LCOE) 计算。火力发电的成本主要来自于建设、燃料、运输、运行、维护等部分, 并且兼顾折现率、残值率等经济性因素, 发电量则受规模、效率、利用小时数等因素影响。

以供电煤耗 300g/(kW·h) 的常规燃煤发电为例, 燃煤价格为 600 元/t 时单位电量成本中燃料成本部分为 0.18 元/(kW·h)。按照建设成本为 5000 元/kW、年利用小时数为 4000h、寿命为 40 年计算, 建设成本对单位电量成本的贡献, 不考虑经济性因素时约为 0.03 元/(kW·h), 考虑经济性因素时约为 0.06

元/(kW·h)。计算其他部分成本并综合经济性因素，就可以得到单位电量成本。

参考火力发电前沿技术的技术指标和应用情况，估算当前或初始应用时的单位电量成本，并结合对建设成本、供电效率、燃料价格等关键因素的走势判断，分析主要前沿技术形式的单位电量成本在"十三五"期间和未来长期的趋势，如图 2.2 所示。

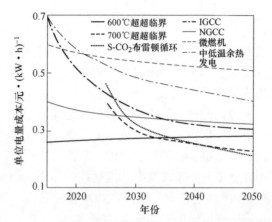

图 2.2　火力发电前沿技术形式的单位电量成本趋势

600℃超超临界燃煤发电等主流技术的技术经济性未来提升空间有限，单位电量成本中建设成本占 25% 左右，燃料成本占 65% 左右，这两部分成本稳定的情况下，单位电量成本预计将随着环保费用提高而缓慢上升。

如果在 2025 年前后 700℃超超临界技术中的镍基高温合金等关键问题得到解决，700℃超超临界技术将在效率、环保等方面具备较强竞争力。700℃超超临界机组的过热器/再热器、主蒸汽/再热蒸汽管道和集箱、汽轮机高温段等需要采用镍基合金材料，占机组高温段合金材料的 29% 左右[25]。

600℃超超临界机组的建设成本中，设备成本占 40% 左右，约为 2000 元/kW，安装、建筑和其他成本占 60% 左右。设备成本中，采用铁素体合金钢（80%）和奥氏体合金钢（20%）材料的高温段设备制造成本约占 50%，折合 1000 元/kW。

700℃超超临界机组的高温段合金材料替换为铁素体合金钢（56%）、镍基高温合金（29%）和奥氏体合金钢（15%）后，由于镍基合金材料部分的相关成本将上升 10 倍以上，高温段设备成本将上升至 3700 元/kW 以上，建设成本也将相应上升至 7700 元/kW 以上。

结合经济性因素，建设成本对单位电量成本的贡献将上升至 0.10 元/(kW·h)以上，示范工程阶段的 700℃超超临界机组的单位电量成本将达到 0.30 ~ 0.40 元/(kW·h) 水平。未来随着镍基合金材料成本的降低，以及 700℃超超临界技术在燃料成本和环保费用等方面的优势的发挥，700℃超超临界技术预计将成为火力发电前沿技术中单位电量成本最低的技术形式之一。600℃煤基超临界 CO_2 布雷顿循环技术，预计将在 2025 年前后走向成熟并开始示范应用。图 2.2 中 S-CO_2 布雷顿循环技术的单位电量成本趋势，预计也将随着效率优势发挥和部件规模化生产而逐步降低。考虑到我国以煤炭为主的资源国情，IGCC 技术应用前景良好，建设成本将随着技术进步和规模化应用而逐步下降，单位电量成本也将逐步接近或低于燃气发电。

以微燃机为代表的分布式发电技术，单位电量成本将随着技术成熟和产业化应用而稳步下降，但仍将属于成本较高的发电形式。NGCC 技术由于效率较高，将保持为燃气发电中单位电量成本最低的技术形式。

采用有机朗肯循环或斯特林循环的中低温余热发电前沿技术，在 2025 年前还有待于进一步成熟，未来将以辅助和分布式用途为主，经济性有望逐步接近燃气发电水平。

"十三五"后期和未来长期，需要从集中式发电和分布式发电的产业发展角度，归纳火力发电前沿技术并提出前沿技术路线，从而明确火力发电的技术研究和产业发展的战略方向。

（1）集中式技术路线。集中式火力发电技术路线，可以分为集中式高效清洁发电路线、集中式联合循环与多联产路线和集中式非常规燃料与用途路线。

1）集中式高效清洁发电路线（路线1）：将常规化石燃料利用高参数、高效率的前沿发电技术，配合先进燃烧技术、污染物控制技术和 CCUS 技术，实现高效清洁发电。这一技术路线的代表性技术组合是 700℃超超临界或煤基超临界 CO_2 布雷顿循环技术，配合化学链燃烧或富氧燃烧、一体化脱除技术、CCUS 技术等，实现供电效率提高和排放绩效降低。

2）集中式联合循环与多联产路线（路线2）：将常规化石燃料利用 IGCC、NGCC、ISCC 等联合循环技术，配合热电联产、冷热电联供、制氢技术等多联产技术，实现在较高综合效率下同时提供电能、供暖、制冷、氢气等多种产品的技术路线。

3）集中式非常规燃料与用途路线（路线3）：将非常规燃料（煤矸石、劣质煤、煤层气、页岩气、生物质、垃圾等）采用 CFB、超临界 CO_2 布雷顿循环、燃机燃料适应等技术，配合先进燃烧技术和减排技术，实现较高效率、较少污染和废弃物资源化发电。

（2）分布式技术路线（路线4）。分布式火力发电技术路线，是利用常规化石燃料或非常规燃料，通过小型化、多样化的分布式发电形式，配合储能技术、冷热电联供、先进热交换系统和智能微网等前沿技术，实现针对用户侧需求的灵活发电和供能。分布式火力发电技术路线的代表性技术组合，是采用微燃机、内燃机等作为分布式系统核心，配合余热回收、余热发电、储能技术、智能微网等技术，根据用户需求提供电能、供暖、制冷、动力、淡水等多样化产品。

对于以上四条前沿技术路线的产业发展前景，研究通过预测累计装机容量长期趋势的方法来进行评价分析，如图 2.3 所示。综合中国科学院[41] 和中国工程院[42,43] 的相关能源发展研究的预测，2050 年我国火力发电累计装机容量预计约为 10 亿千瓦，占发电总装机容量的 35% 左右。

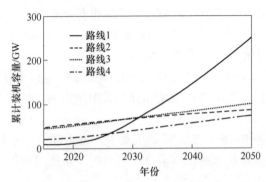

图 2.3　火力发电技术路线累计装机容量预测

结合目前我国燃煤发电产业中亚临界、超临界和超超临界机组的装机容量和机组寿命，到 2050 年四条前沿技术路线的累计装机容量之和预计将达到 5 亿千瓦水平，与采用传统技术机组的累计装机容量相近，初步实现火力发电产业的转型升级。

集中式高效清洁发电路线（路线 1）的核心技术包括 700℃超超临界、超临界 CO_2 布雷顿循环、CCUS 技术、化学链燃烧、富氧燃烧等，短期有待于进一步突破，长期产业发展前景看好，预计将在 2040 年前后成为我国火力发电领域的主力形式。

集中式联合循环与多联产路线（路线 2）的主要技术如 NGCC、IGCC、热电联产等，已有相对成熟的产业应用或示范工程，现有装机容量高于其他路线。未来随着 ISCC、冷热电联供、制氢技术等前沿技术的逐步成熟和产业化，路线 2 的累计装机容量将保持稳定增长趋势。

集中式非常规燃料与用途路线（路线 3），目前相关技术较为成熟，但针对非常规燃料和特有用途的技术改进空间仍然较大。路线 3 的累计装机容量增长趋势预期将与路线 2 相近，两者将共同成为集中式火力发电的重要组成部分。

分布式前沿技术路线（路线 4）中的微燃机、ORC、斯特林循环、储能技术、智能微网等前沿技术目前还有待于成熟。预计未来路线 4 的累计装机容量增速将高于路线 2 和路线 3，使得分布式火力发电成为集中式火力发电的有效补充。

综上所述，根据火力发电各项前沿技术的技术经济性特点以及研究应用的不同阶段，"十三五"期间和未来长期应当重点突破和完善的关键技术，包括700℃超超临界、超临界 CO_2 布雷顿循环、IGCC 等前沿技术。产业发展方面，"十三五"期间和未来长期我国火力发电产业，将在政策引导下逐步向着高效、清洁、低碳的方向转型升级。

2.2.6 造纸行业

在国际金融危机持续影响下，全球需求不足、增长乏力，造成我国出口大幅下滑，致使出口商品包装纸、纸板和包装物需求大幅下降，加上部分产品产能出现结构性和阶段性过剩，产品结构不合理，中低档产品比重过高，产品同质化严重，技术创新能力不强，产品开发速度缓慢，新的增长点未能形成，以及电子出版物和无纸化办公对纸业需求的冲击，这些问题叠加，集中爆发是造纸工业速度大幅下滑的直接原因[44]。

2013 年国内外经济形势复杂多变，在全球金融危机的持续影响下，虽然欧美等发达国家出现艰难曲折的复苏，全球需求不足、增长乏力，受此影响我国经济下行压力加大。在国内外大环境影响下，造纸工业正经历严峻考验。根据中国造纸协会年报数据，2013 年纸及纸板产量为 10110 万吨，较上年下降 1.37%，消费量为 9782 万吨，较上年下降 2.65%，人均消费量为 72kg（按 13.61 亿人计算）[44]。从分品种情况看，除了生活用纸和特种纸是正增长以外，其他全部是负增长。2013 年，新闻纸产量 360 万吨，负增长 5.26%；未涂布印刷纸 1720 万吨，负增长 1.71%；涂布印刷纸 770 万吨，负增长 1.28%[44]。2013 年，两极分化比较严重。大型企业发展势头看好，是正增长；而中小企业，出现大规模的停产和负增长[44]。

陕西省造纸企业的特点可归纳如下 3 个方面：（1）没有上市公司；（2）没有大型造纸企业，只有中小型造纸企业；（3）公司的环境保护代价巨大。本书总结了几种适合陕西省造纸企业发展的转型升级模式，如表 2.7 所示，并对其特点进行了提炼，说明了适用情况和实现方式。附表 A.20 和附表 A.21 给出了该行业转型升级成功案例的特征。

表 2.7 造纸行业转型升级模式

转型升级模式	特　点	适用情况
内生集约转型升级模式	在生产规模不变的前提下采用新技术、新工艺，改进机器设备、加大纸品生产科技含量；通过生产技术装备创新的方式，走低消耗、低成本、环保利废、产品质量、经济效益不断提高的发展之路	企业发展的稳定期、衰退期

转型升级模式	特　　点	适用情况
技术联盟模式	基于技术创新战略联盟的产品高端发展模式，联盟模式包括:(1) 龙头企业为主导的联盟模式; (2) 科研院校为主导的联盟模式; (3) 政府为主导的联盟模式; (4) 技术攻关合作联盟模式; (5) 产业链合作联盟模式; (6) 技术标准合作联盟模式; (7) 契约联盟模式; (8) 实体联盟模式	企业发展的稳定期、衰退期
循环环保多功能型模式	"减量化、再利用、资源化" 3R 原则，以发展循环经济实现产业再升级	企业发展的增产期、稳定期、衰退期
多元化、差异化模式	以自身核心竞争力为依托，一方面实施产业链向两头延伸; 另一方面加大科技研发力量，研发水泥新品种，改性产品性能，开拓新的应用领域	企业发展的增产期、稳定期、衰退期

2.3　典型重污染企业技术进步分析

柯布-道格拉斯（C-D）生产函数是测度技术进步贡献的一个经典模型。C-D 生产函数认为，在技术经济条件不变的情况下，产出 Y 与投入的资本 K 及劳动力 L 的关系表示为:

$$Y = AK^{\alpha}L^{\beta} \tag{2.2}$$

式中，Y 为产出; K 为资本投入; L 为劳动力投入; $A = A_0 e^{rt}$，为生产系统在时刻 t 的技术水平; A_0 为基年的技术水平; r 为技术进步系数，反映该生产系统技术进步快慢程度; α 为资本的产出弹性，β 为劳动的产出弹性，$\beta = 1 - \alpha$（$0 < \alpha < 1$）。

劳动力 L 可以理解为除资本之外的一种力量，这样，C-D 生产函数可以在更广泛范围内应用。对上市的重污染企业来说，L 可以理解为企业发行的股票数。由生产函数的规模收益不变假设理论，式（2.2）可变化为

$$\ln(Y/L) = \ln A_0 + rt + \alpha \ln(K/L) \tag{2.3}$$

式中，Y/L 为基本每股收益; K/L 相当于每股公积金。该线性方程的经济意义为: 在一个经济系统中，如果每股公积金保持不变，则基本每股收益随技术进步而提高; 又如技术水平不变，则基本每股收益随每股公积金的增加而提高。

对于式（2.3），可采用最小二乘法估计方程的各个参数。估计出各个参数后，可采用索洛余值法对技术进步贡献率进行测算，如式（2.4）所示:

$$m = \Delta Y - \alpha \Delta K - \beta \Delta L \tag{2.4}$$

式中，m 为技术进步贡献; $\Delta Y = Y_{t+1} - Y_t$; $\Delta K = K_{t+1} - K_t$; $\Delta L = L_{t+1} - L_t$。

2.3.1　陕西煤业技术进步水平分析

表 2.8 给出了陕西煤业技术进步水平分析计算数据。

表2.8 陕西煤业技术进步水平分析计算数据

季度	时间 T	每股净资产 Y/元·股$^{-1}$	每股未分配利润 K/元·股$^{-1}$	技术进步贡献 m/元·股$^{-1}$
2013Q1	0	3.4336	1.7447	—
2013Q2	1	3.36	1.7021	-0.057207193
2013Q3	2	3.39745	1.721	0.030177135
2013Q4	3	3.4349	1.7399	0.030177135
2014Q1	4	3.5636	1.6259	0.172568074
2014Q2	5	3.4768	1.5285	-0.049319733
2014Q3	6	3.5127	1.5382	0.032167366
2014Q4	7	3.45	1.5117	-0.052502597
2015Q1	8	3.4581	1.4824	0.019374865
2015Q2	9	3.3551	1.3863	-0.066019983
2015Q3	10	3.2983	1.3012	-0.024052867
2015Q4	11	3.1638	1.1631	-0.081358061
2016Q1	12	3.1263	1.1592	-0.03599925
2016Q2	13	3.1651	1.1852	0.028795001
2016Q3	14	3.2626	1.2627	0.067677406
2016Q4	15	3.4317	1.4386	0.101412331
2017Q1	16	3.74	1.706	0.205402429
2017Q2	17	3.9467	1.8759	0.141321177

利用式（2.3），对表2.8的数据进行拟合，计算结果如表2.9所示，拟合表达式如下：

$$\log Y = 1.02823493565 + 0.384807670149 \times \log K + 0.00555457941431 \times T$$

$$(2.5)$$

由式（2.5）知，$\alpha = 0.384807670149$，$\beta = 0.61519233$。

图2.4描述了陕西煤业自2013年第1季度到2017第2季度技术进步贡献变化状况。从图2.4可知，2014年第1季度，陕西煤业技术进步贡献达到高点0.172568074元/股后便一直下降到2015年第4季的-0.081358061元/股；之后，陕西煤业技术进步贡献持续上升达到2017年第1季的高点0.205402429元/股。

表2.9 陕西煤业技术进步水平评价计算结果

变 量	系 数	标准误	t-统计量	P 值
C	1.028235	0.019707	52.17741	0
$\log(KL)$	0.384808	0.035157	10.94526	0

变　量	系　数	标准误	t-统计量	P 值
T	0.005555	0.001007	5.517762	0.0001
拟合质量				
R^2	0.889836	因变量均值	1.228343	
调整 R^2	0.875147	因变量标准差	0.057288	
回归标准误	0.020243	赤池信息准则	-4.811049	
残差平方和	0.006146	施瓦兹准则	-4.662653	
对数似然函数值	46.29944	汉南·奎恩准则	-4.790587	
F-统计量	60.58008	德宾-华生统计量	0.768056	
概率（F-统计量）	0			

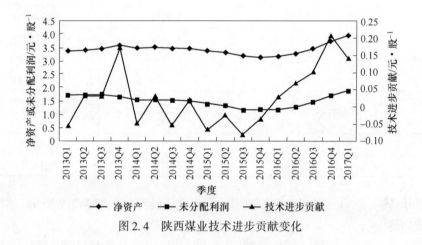

图 2.4　陕西煤业技术进步贡献变化

2.3.2　陕西黑猫技术进步水平分析

表 2.10 给出了陕西黑猫技术进步水平分析计算数据。

表 2.10　陕西黑猫技术进步水平分析计算数据

季度	净资产/元·股⁻¹	未分配利润/元·股⁻¹	时期	技术进步贡献增速/元·股⁻¹
2011Q4	3.11	1.2766	0	
2012Q4	3.56	1.6969	1	0.175301673
2013Q3	3.735	1.8558	2	0.071146647
2013Q4	3.91	2.0147	3	0.071146647
2014Q1	3.96	2.0711	4	0.013138269
2014Q2	4.01	2.1275	5	0.013138269

季度	净资产/元·股⁻¹	未分配利润/元·股⁻¹	时期	技术进步贡献增速/元·股⁻¹
2014Q3	4.16	2.2801	6	0.050264181
2014Q4	4.5618	1.9067	7	0.645845575
2015Q1	4.6253	1.9702	8	0.021997873
2015Q2	4.5185	1.8624	9	−0.036344421
2015Q3	4.5233	1.866	10	0.002447124
2015Q4	4.0121	1.3581	11	−0.179248346
2016Q1	4.0262	1.3747	12	0.003250625
2016Q2	4.0652	1.4182	13	0.010569409
2016Q3	2.7875	0.9816	14	−0.992348371
2016Q4	2.9404	1.1109	15	0.06839252
2017Q1	2.9732	1.143	16	0.011820185
2017Q2	3.0397	1.2106	17	0.022318209

利用式（2.3），对表2.10的数据进行拟合，计算结果如表2.11所示，拟合表达式如下：

$$\log Y = 0.932105106659 + 0.653576795521 \times \log K + 0.0104260097777 \times T$$

$$(2.6)$$

由式（2.6）知，$\alpha = 0.653576795521$，$\beta = 0.346423204$。

图2.5描述了陕西黑猫自2011年第4季度到2017第2季度技术进步贡献变化状况。从图2.5可知，除个别季度外，陕西黑猫技术进步变化很平稳，平均贡献大小接近于0.05元/股。

表2.11　陕西黑猫技术进步水平评价计算结果

变　量	系　数	标准误	t-统计量	P值
C	0.932105	0.095486	9.761661	0
$\log(KL)$	0.653577	0.116397	5.615083	0
T	0.010426	0.005671	1.838437	0.0859
拟合质量				
R^2	0.71214	因变量均值	1.324033	
调整 R^2	0.673759	因变量标准差	0.166481	
回归标准误	0.09509	赤池信息准则	−1.71698	
残差平方和	0.135631	施瓦兹准则	−1.56859	
对数似然函数	18.45282	汉南·奎恩准则	−1.69652	

拟合质量			
F-统计量	18.55437	德宾-华生统计量	0.56069
概率（F-统计量）	0.000088		

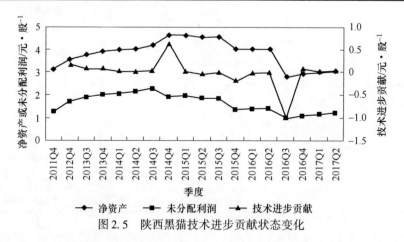

图 2.5　陕西黑猫技术进步贡献状态变化

2.3.3　中国石化技术进步水平分析

表 2.12 给出了中国石化技术进步水平分析计算数据。

表 2.12　中国石化技术进步水平分析计算数据

科目年度	净资产/元·股⁻¹	未分配利润/元·股⁻¹	时期	技术进步贡献增速/元·股⁻¹
TIME	Y	K	T	m
2000Q4	1.44	0.074	0	
2001Q2	1.531	0.1649	1	0.068336924
2001Q4	1.604	0.1154	2	0.085341279
2002Q1	1.7094	0.1166	3	0.105100817
2002Q2	1.636	0.137	4	−0.078486103
2002Q3	1.69	0.1895	5	0.040910765
2002Q4	1.69	0.145	6	0.011094685
2003Q1	1.757	0.152	7	0.065254769
2003Q2	1.802	0.1751	8	0.039240737
2003Q3	1.831	0.2032	9	0.021994143
2003Q4	1.879	0.2304	10	0.04121853
2004Q1	1.964	0.3161	11	0.063633382
2004Q2	1.987	0.3092	12	0.024720299
2004Q3	2.051	0.373	13	0.048093463

科目年度	净资产/元·股⁻¹	未分配利润/元·股⁻¹	时期	技术进步贡献增速/元·股⁻¹
2004Q4	2.149	0.4282	14	0.084237604
2005Q1	2.254	0.532	15	0.079120712
2005Q2	2.279	0.5147	16	0.029313215
2005Q3	2.337	0.5719	17	0.043738967
2005Q4	2.487	0.6732	18	0.124744009
2006Q1	2.5924	0.7785	19	0.079146734
2006Q2	2.6356	0.7978	20	0.038388148
2006Q3	2.7389	0.9093	21	0.075500958
2006Q4	2.992	0.8605	22	0.265266756
2007Q1	3.198	1.0869	23	0.149554232
2007Q2	3.21	1.1275	24	0.001877658
2007Q3	3.378	1.2362	25	0.14089905
2007Q4	3.471	1.4043	26	0.051089516
2008Q1	3.628	1.3582	27	0.168493595
2008Q2	3.523	1.2668	28	−0.082212265
2008Q3	3.585	1.3325	29	0.045619757
2008Q4	3.807	1.288	30	0.233094685
2009Q1	3.939	1.4529	31	0.090887336
2009Q2	4.089	1.5863	32	0.116740877
2009Q3	4.208	1.7069	33	0.088932157
2009Q4	4.39	1.6216	34	0.20326689
2010Q1	4.531	1.8441	35	0.085526575
2010Q2	4.647	1.8816	36	0.106650546
2010Q3	4.686	2.0227	37	0.003821123
2010Q4	4.857	1.8815	38	0.206203809
2011Q1	5.14	2.118	39	0.224036113
2011Q2	5.247	2.1763	40	0.092464716
2011Q3	5.381	2.3037	41	0.10223679
2011Q4	5.472	2.0569	42	0.152531871
2012Q1	5.634	2.2019	43	0.125848779
2012Q2	4.548	2.0992	44	−1.060394963
2012Q3	5.67	2.2094	45	1.094525072
2012Q4	4.548	2.4124	46	−1.172611709
2013Q1	6.127	2.5124	47	1.554068124
2013Q2	4.687	1.7201	48	−1.242464744

科目年度	净资产/元·股⁻¹	未分配利润/元·股⁻¹	时期	技术进步贡献增速/元·股⁻¹
2013Q3	4.7752	1.8204	49	0.063193328
2013Q4	4.912	1.9263	50	0.110397143
2014Q1	5.017	2.0379	51	0.077176026
2014Q2	5.031	2.0416	52	0.013077521
2014Q3	5.0843	2.1206	53	0.033603818
2014Q4	5.089	2.0352	54	0.025991822
2015Q1	5.5464	2.0022	55	0.465627519
2015Q2	5.6287	2.08	56	0.062903
2015Q3	5.5793	2.0017	57	−0.029878341
2015Q4	5.606	2.0288	58	0.019943462
2016Q1	5.6685	2.0798	59	0.049784743
2016Q2	5.7234	2.1274	60	0.043032427
2016Q3	5.7215	2.1303	61	−0.002623024
2016Q4	5.883	2.2727	62	0.125997008
2017Q1	6.0181	2.4101	63	0.100843602
2017Q2	5.9377	2.3265	64	−0.059556951

利用式（2.3），对表 2.12 的数据进行拟合，计算结果如表 2.13 所示，拟合表达式如下：

$$\log Y = 0.899440560179 + 0.249318762734 \times \log K + 0.0113241512297 \times T$$

$$(2.7)$$

由式（2.7）知，$\alpha = 0.249318762734$，$\beta = 0.750681237$。

图 2.6 描述了中国石化自 2000 年第 4 季度到 2017 第 2 季度技术进步贡献变化状况。从图 2.6 可知，除 2012 年第 2 季度至 2013 年第 2 季度变化剧烈外，中国石化技术进步贡献变化很平稳，平均贡献大小接近于 0.0615 元/股。

表 2.13　中国石化技术进步水平评价计算结果

变量	系数	标准误	t-统计量	P 值
C	0.899441	0.036263	24.80333	0
log(KL)	0.249319	0.020254	12.30981	0
T	0.011324	0.001077	10.51921	0
拟合质量				
R^2	0.97505	因变量均值	1.252863	
调整 R^2	0.974245	因变量标准差	0.457829	
回归标准误	0.073474	赤池信息准则	−2.338711	

拟合质量			
残差平方和	0.334704	施瓦兹准则	−2.238355
对数似然函数值	79.00812	汉南·奎恩准则	−2.299114
F-统计量	1211.475	德实−华生统计量	1.041487
概率(F-统计量)	0		

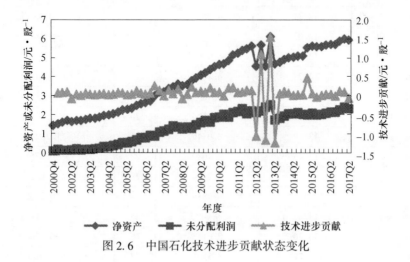

图 2.6 中国石化技术进步贡献状态变化

2.3.4 中国神华技术进步水平分析

表 2.14 给出了中国神华技术进步水平分析计算数据。

表 2.14 中国神华技术进步水平分析计算数据

科目年度	净资产/元·股⁻¹	未分配利润/元·股⁻¹	时期	技术进步贡献增速/元·股⁻¹
TIME	Y	K	T	m
2007 中期	3.84	1.2462	0	
2008 末期	7.49	1.4488	1	3.583922
2008 三季	7.09	1.3579	2	−0.37035
2008 一季	6.49	0.7614	3	−0.40545
2008 中期	6.69	0.9662	4	0.133205
2009 末期	8.51	2.3623	5	1.364664
2009 三季	8.26	2.2317	6	−0.2074
2009 一季	7.89	1.9251	7	−0.27
2009 中期	7.79	1.7921	8	−0.05662
2010 末期	10.17	3.735	9	1.746325

科目年度	净资产/元·股⁻¹	未分配利润/元·股⁻¹	时期	技术进步贡献增速/元·股⁻¹
2010 三季	9.48	3.26	10	-0.53508
2010 一季	8.98	2.801	11	-0.3503
2010 中期	8.95	2.7691	12	-0.0196
2011 末期	11.34	5.2515	13	1.580368
2011 三季	10.719	4.6846	14	-0.43611
2011 一季	10.31	4.2519	15	-0.26788
2011 中期	10.08	4.0655	16	-0.16921
2012 末期	13.06	6.8062	17	2.086124
2012 三季	12.24	6.1824	18	-0.61655
2012 一季	11.83	5.7899	19	-0.28199
2012 中期	11.63	5.6106	20	-0.14152
2013 末期	13.69	8.0345	21	1.269448
2013 三季	13.43	7.4689	22	-0.07553
2013 一季	13.32	7.2924	23	-0.05243
2013 中期	12.9934	6.9816	24	-0.22523
2014 末期	14.84	9.011	25	1.184713
2014 三季	14.36	8.6143	26	-0.35062
2014 一季	14.27	8.5561	27	-0.07102
2014 中期	13.9507	8.2078	28	-0.2057
2015 末期	14.72	9.0701	29	0.488062
2015 三季	14.86	9.0638	30	0.142055
2015 一季	14.98	9.2576	31	0.056792
2015 中期	14.5931	8.8211	32	-0.24454
2016 末期	15.7	9.8937	33	0.757073
2016 三季	15.37	9.6203	34	-0.24083
2016 一季	14.97	9.3018	35	-0.29612
2016 中期	14.9666	9.2442	36	0.015386
2017 一季	16.37	10.5088	37	0.990952
2017 中期	14.08	8.1463	38	-1.51947

利用式 (2.3)，对表 2.14 的数据进行拟合，计算结果如表 2.15 所示，拟合表达式如下：

$$\log Y = 1.79099636199 + 0.326148871333 \times \log K + 0.00608285694752 \times T$$

$$(2.8)$$

由式 (2.8) 知，$\alpha = 0.326148871333$，$\beta = 0.673851$。

图 2.7 描述了中国神华自 2007 年第中期（第 2 季度）到 2017 中期（第 2 季度）技术进步贡献变化状况。从图 2.7 可知，中国神华技术进步发展起伏较大，但总体平稳，平均贡献大小接近于 0.2103 元/股。

表 2.15　中国神华技术进步水平评价计算结果

变　量	系　数	标准误	t-统计量	P 值
C	1.790996	0.036507	49.05838	0
$\log(KL)$	0.326149	0.051263	6.36229	0
T	0.006083	0.003366	1.807296	0.0791
拟合质量				
R^2	0.916504	因变量均值	2.410106	
调整 R^2	0.911866	因变量标准差	0.322611	
回归标准误	0.095775	赤池信息准则	−1.77983	
残差平方和	0.330223	施瓦兹准则	−1.65186	
对数似然函数值	37.70662	汉南·奎恩准则	−1.73391	
F-统计量	197.5803	德宾-华生统计量	1.268969	
概率 F-统计量	0			

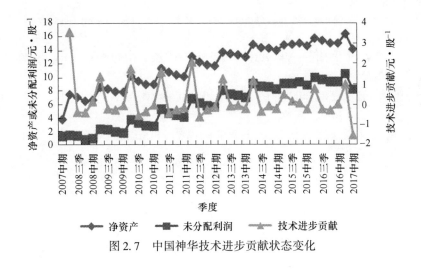

图 2.7　中国神华技术进步贡献状态变化

2.4　本章小结

能够成功转型升级的重污染企业具有如下共同特征：

（1）在产品特征方面，均具有生产差异化和精细化产品的能力。

（2）在生产工艺特征方面，80% 的企业具有世界先进水平的生产工艺；20% 的企业具有国内先进水平的生产工艺。

（3）在知识产权方面，均具有完全自主知识产权。

（4）在产品规模方面，均具有庞大的产品生产规模。

（5）在技术变迁特征方面，向高起点、高技术、大规模的方向发展技术变迁特征。

（6）在转型升级模式方面，均具有优势产业链条延伸，向形成完整产业链方向发展。

（7）在发展战略方面，均具有以主业为基础，实施多元发展。

（8）在转型升级时机方面，均具有未雨绸缪、主动转型升级的特点。

（9）在项目特征方面，均具有既符合国家产业政策要求，又适合国情、省情、企情，能尽快发挥企业优势的项目。

（10）在人才队伍建设方面，均具有稳定人才队伍或者高效的技术联盟。

参 考 文 献

［1］中国电力企业联合会. 2016 年全国电力工业统计快报数据一览表［R］. 北京：中国电力企业联合会，2017.

［2］Qi Y，Stern N，Wu T，et al. China's post－coal growth［J］. Nature Geoscience，2016，9（8）：564～566.

［3］国家统计局. 中华人民共和国 2016 年国民经济和社会发展统计公报［R］. 北京：国家统计局，2017.

［4］中国电力企业联合会. 2017 年 1～2 月全国电力工业统计数据一览表［R］. 北京：中国电力企业联合会，2017.

［5］中国电力企业联合会. 2015 年度全国火电 600MW 级机组能效水平对标［R］. 北京：中国电力企业联合会，2016.

［6］薛彦廷，杨寿敏，牟春华，等. 我国煤电技术国际竞争优势分析［J］. 热力发电，2015，44（10）：1～8.

［7］中国电力企业联合会. 中国电力行业年度发展报告 2016［R］. 北京：中国电力企业联合会，2016.

［8］张军，郑成航，张涌新，等. 某 1000MW 燃煤机组超低排放电厂烟气污染物排放测试及其特性分析［J］. 中国电机工程学报，2016，36（5）：1310～1314.

［9］Daood S S，Nimmo W，Edge P，et al. Deep-staged，oxygen enriched combustion of coal［J］. Fuel，2012，101：187～196.

［10］Li Y，Fan W D，Wang Y，et al. Characteristics of chargasification in staged oxygen－enriched combustion in a down flame furnace［J］. Energy & Fuels，2016，30（3）：1675～1684.

［11］Adanez J，Abad A，Garcia-Labiano F，et al. Progress in chemical-looping combustion and reforming technologies［J］. Progress in Energy and Combustion Science，2012，38

（2）：215～282.

[12] Lyngfelt A . Chemical-looping combustion of solid fuels-status of development ［J］. Applied Energy, 2014, 113：1869～1873.

[13] 郭岩，周荣灿，张红军，等 . 镍基合金 740H 的组织结构与析出相分析 ［J］. 中国电机工程学报, 2015, 35 （17）：4439～4444.

[14] Yuan Y, Zhong Z H, Yu Z S, et al. Tensile and creep deformation of a newly developed Ni-Fe-based superalloy for 700℃ advanced ultra-supercritical boiler applications ［J］. Metals and Materials International, 2015, 21 （4）：659～665.

[15] 蔡宝玲，高海东，王剑钊，等 . 二次再热超超临界机组动态特性分析及控制策略验证 ［J］. 中国电机工程学报, 2016, 36 （19）：5288～5299.

[16] 席新铭，王梦洁，杜小泽，等 . "三塔合一" 间接空冷塔内空气流场分布特性 ［J］. 中国电机工程学报, 2015, 35 （23）：6089～6098.

[17] 史文峥，杨萌萌，张绪辉，等 . 燃煤电厂超低排放技术路线与协同脱除 ［J］. 中国电机工程学报, 2016, 36 （16）：4308～4318.

[18] Zhang X, Fan J L, Wei Y M. Technology roadmap study on carbon capture, utilization and storage in China ［J］. Energy Policy, 2013, 59：536～550.

[19] Li Q, Chen Z A, Zhang J T, et al. Positioning and revision of CCUS technology development in China ［J］. International Journal of Greenhouse Gas Control, 2016, 46：282～293.

[20] 赵新宝，鲁金涛，袁勇，等 . 超临界二氧化碳布雷顿循环在发电机组中的应用和关键热端部件选材分析 ［J］. 中国电机工程学报, 2016, 36 （1）：154～162.

[21] Le Moullec Y. Conceptual study of a high efficiency coal-fired power plant with CO_2 capture using a supercritical CO_2 Brayton cycle ［J］. Energy, 2013, 49：32～46.

[22] Cau G, Tola V, Deiana P. Comparative performance assessment of USC and IGCC power plants integrated with CO_2 capture systems ［J］. Fuel, 2014, 116：820～833.

[23] Lee J C, Lee H H, Joo Y J, et al. Process simulation and thermodynamic analysis of an IGCC （integrated gasification combined cycle） plant with an entrained coal gasifier ［J］. Energy, 2014, 64：58～68.

[24] Duan Luanbo, Sun Haicheng, Zhao Changsui, et al. Coal combustion characteristics on an oxy-fuel circulating fluidized bed combustor with warm flue gas recycle ［J］. Fuel, 2014, 127 （2）：47～51.

[25] 毛健雄. 700℃超超临界机组高温材料研发的最新进展 ［J］. 电力建设, 2013, 34 （8）：69～76.

[26] 郭岩，王博涵，侯淑芳，等 . 700℃超超临界机组用 Alloy 617mod 时效析出相 ［J］. 中国电机工程学报, 2014, 34 （14）：2314～2318.

[27] 孙浩，宋振龙 . 整体煤气化联合循环 （IGCC） 发电技术研究及应用 ［J］. 中国电力, 2010, 19 （19）：39～43.

[28] 施强，乌晓江，徐雪元，等 . 整体煤气化联合循环 （IGCC） 发电技术与节能减排 ［J］. 节能技术, 2009, 27 （1）：18～20, 96.

[29] Lindqvist K, Jordal K, Haugen G, et al. Integration aspects of reactive absorption for post-

combustion CO_2 capture from NGCC（natural gas combined cycle）power plants [J]．Energy，2014，78：758~767．

[30] Montes M J，Rovira A，Muñoz M，et al．Performance analysis of an integrated solar combined cycle using direct steam generation in parabolic trough collectors [J]．Applied Energy，2011，88（9）：3228~3238．

[31] 林汝谋，韩巍，金红光，等．太阳能互补的联合循环（ISCC）发电系统 [J]．燃气轮机技术，2013，26（2）：1~15．

[32] Mohammadi A，Kasaeian A，Pourfayaz F，et al．Thermodynamic analysis of a combined gas turbine，ORC cycle and absorption refrigeration for a CCHP system [J]．Applied Thermal Engineering，2017，111：397~406．

[33] Su Shi，Yu Xinxiang．A 25kWe low concentration methane catalytic combustion gas turbine prototype unit [J]．Energy，2015，79：428~438．

[34] 付镇柏，蒋洪德，张珊珊，等．G/H级燃气轮机燃烧室技术研发的分析与思考 [J]．燃气轮机技术，2015，28（4）：1~9，21．

[35] Lin Y P，Wang W H，Pan S Y，et al．Environmental impacts and benefits of organic Rankine cycle power generation technology and wood pellet fuel exemplified by electric arc furnace steel industry [J]．Applied Energy，2016，183：369~379．

[36] Wang K，Sanders S R，Dubey S，et al．Stirling cycle engines for recovering low and moderate temperature heat：a review [J]．Renewable and Sustainable Energy Reviews，2016，62：89~108．

[37] 刘强，段远源．背压式汽轮机组与有机朗肯循环耦合的热电联产系统 [J]．中国电机工程学报，2013，33（23）：29~36．

[38] 郭丛，杜小泽，杨立军，等．地热源非共沸工质有机朗肯循环发电性能分析 [J]．中国电机工程学报，2014，34（32）：5701~5708．

[39] 吴毅，王佳莹，王明坤，等．基于超临界 CO_2 布雷顿循环的塔式太阳能集热发电系统 [J]．西安交通大学学报，2016，50（5）：108~113．

[40] 黄潇立，王俊峰，臧金光．超临界二氧化碳布雷顿循环热力学特性研究 [J]．核动力工程，2016，37（3）：34~38．

[41] 中国科学院．中国至2050年能源科技发展路线图 [M]．北京：科学出版社，2009：30~35．

[42] 中国工程院．中国能源中长期（2030，2050）发展战略研究 [M]．北京：科学出版社，2011．

[43] 杜祥琬．中国能源战略研究 [M]．北京：科学出版社，2016．

[44] 钱桂敬．中国造纸工业的深度调整与转型升级 [J]．纸和造纸，2014，33（9）：1~5．

3 重污染企业转型升级过程的技术变迁过程分析

本章对重污染企业技术变迁式转型升级的内涵、边界和过程进行系统分析和阐述，进一步揭示技术变迁机理及它在重污染企业转型升级中的核心地位，构建基于技术变迁路径的重污染企业转型升级模型，并基于此提出研究假设。

3.1 重污染企业转型升级

3.1.1 重污染企业转型升级的内涵

从战略管理理论的角度出发，重污染企业转型升级是战略内容和战略制定过程的彻底转变，而重污染企业战略可以是竞争、营销、发展、品牌、服务、融资、技术、资源、人员战略等。重污染企业转型升级是在经济结构和产业结构转型升级的环境下应运而生的，信息技术革命时代对企业行为的分析更趋于系统化和工程化，本书认为应运用系统的思想对战略转型升级进行阐述。系统视角的重污染企业是复杂的、高度集成的系统。组成该系统的元素有业务流程、组织结构、人员和支持技术等。不同重污染企业系统的特征由它的组成元素所决定，因此针对不同类型的系统存在着上述定义变化的可能性。例如，定义重污染企业须通过定位该系统内存在的各种产品（服务），由不同生产线和相关人员完成的各类项目，描述它们之间复杂的联系和概括系统所处的特殊外部环境。上述定义既可以应用于单一的集成公司，也适用于多个合作伙伴参与的集体活动的集合。

重污染企业转型升级与企业所处的外部环境息息相关，准确来说，转型升级来源于外部环境和企业内部系统的相互协调。图3.1描述了企业转型升级的系统模型。PEST分析模型将企业所处的宏观环境分为政治法律（P）、经济（E）、社会文化（S）和技术（T），根据PEST模型列举了细化的战略转型升级成因。也就是说，当企业系统中上述元素都发生彻底的变化时，可称之为企业转型升级（enterprise transformation and upgrade）。转型升级的体现是企业系统状态的变化，不仅是企业常规行为的彻底变化，更是企业整体经营目标、企业发展战略、企业文化的根本性变化。在价值链理论的分析当中，转型升级是产品服务旧的价值传递模式改变或者新价值创造过程，因此单纯改变企业价值传播流中的任何单一环节都不能称之为企业转型升级。图3.1对企业所处环境、转型升级成因及目标进行了分析。由该图所示的企业系统的两个关键模块可知，只有企业状态

（enterprise state）和工作流程（work flow）的彻底变化能够称之为转型升级。企业状态的改变是指企业经营目标和企业总体战略的转变，而工作流程的转变实际是企业功能、任务、活动的变化，它能够提升企业流程效率，是在重污染企业转型升级的指导下进行的。

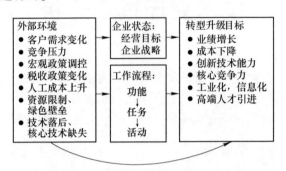

图 3.1　系统视角下的重污染企业转型升级成因和趋势

　　综上，本书对重污染企业转型升级的定义是：由内外环境变化而引起的，受竞争力下降或价值缺失而驱动，由重污染企业管理层或员工诉求发起的战略重新设计或新业务流程定义的过程。新的战略将应用于生产线、产品开发、企业管理等多个方面，再结合信息化技术固化整个企业系统，提升生产力并形成新的竞争能力。再结合 Chandler（1962）对战略的解释，战略转型升级的内涵应该包括以下几个维度：战略内容的变化、战略力量的变化、战略持续时间的变化、企业资源配置模式的变化[1]，那么战略转型升级是"企业为实现上述目标而产生的一系列的改变行为。由这四个维度可以将战略转型升级由抽象的概念转化为具体的事物，它是企业战略从一种形式向另一种形式转化，原有的战略类型转为其他类型转变，或同时采取几种不同的战略。如差异化战略是近年来被广泛采用来获得企业竞争力的一种战略类型，而目标聚集和成本领先型的战略则是在重污染制造业广泛推行的精益转型升级的主要内容。

　　图 3.2 是结合 William B. Rouse（2005）的企业转型升级框架而绘制的重污染企业的战略转型升级框架。图 3.2 中转型升级成本和风险由中心移动到边界逐层递增（由环 1 至环 4 递增），也就是说浅色范围所覆盖的要素最容易得到预期效果，而要实现深色范围的要素则需要逐层累积的效果，它占用时间最长且风险最高。最浅色范围（环 1）发生改变通常会使用相对成熟的转型升级方法和工具，相反地，转型升级向周边范围（至环 4）扩散要求企业进行产品、服务、渠道等模块的彻底变革，转型升级成本和风险骤增。战略转型升级由内层（环 1）向外推进需要提前考虑下一层级的企业状态，在前阶段的转型升级效果没有达到预期效果之前，停止进行下一阶段的转型升级能够保证企业系统的正常运作并能将失败风险降至最低。企业整个系统的成功变革意味着企业经营战略、企业文化

等已发生彻底变革，企业竞争优势、市场定位已经重构。前阶段的转型升级活动是下一个转型升级阶段的奠基，也是其根本条件，这也从另一方面解释了为什么单纯改变企业系统的某一环节无法定义为真正的企业转型升级。

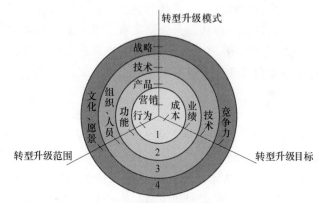

图3.2　重污染企业转型升级框架

结合中国重污染企业转型升级的现实情况，对图3.2中战略转型升级框架的范围、目标和方法进行分析。

3.1.1.1　转型升级范围

战略转型升级是由重污染企业行为或活动、业务功能、整体组织、人员，再扩散到企业整体文化、愿景的系统转变过程。受到外部环境变化和竞争者的影响，企业解决现有问题的途径往往是对现有产品的策略进行调整。对市场竞争和客户需求的准确把握是进行一切转变的基础，无论企业使用差异化、目标聚集或成本领先的战略，企业行为和功能都是转变的主要内容。与以往大有不同的是，新的环境下企业系统并不是一个封闭系统。企业战略的实现依赖于企业行为、功能的动态性，要随时根据市场变化进行及时的调整，这也是企业战略具有的柔性特点。

重污染企业工作活动的主体是人，企业运作和各部门业务功能的实现都依赖于企业员工的能力，因此战略转型升级的另一要务就是组织结构和人力资源的升级。重污染企业转型升级的任何环节都是企业人员的工作，它们的素质、行为决定着重污染企业转型升级的绩效。重污染企业转型升级不仅要依赖信息技术，更要设法提高企业员工的素质。转型升级期企业对人员提出了新的要求，除了要具备一定的技术能力外，还要能够不断学习和创新，能快速适应变化的环境。

重污染企业文化是企业在其生产经营和管理活动中所创造的具有企业特色的特征和精神财富，它包括文化理念、价值观、企业精神、道德规范、行为准则、历史传统、企业制度、环境、产品等[2]。企业愿景（vision）又称为企业远景，由企业核心理念如核心价值观、核心目的、未来展望构成，它是企业所有员工的一致共识[3]。企业文化和愿景是企业战略的重要内容，这两者的转变是重污染企业转型升级的最高目标。转型升级过程中，企业活动、行为、组织的转变都是面向和支持企业战略的，转型升级目标达成之后，企业形成新的价值观、行文准则、精神、经营理念的，也就是形成了新的企业文化和愿景。也就是说，若没有形成新的企业文化和愿景，企业转型升级就没有结束。上述两项的存在，使企业在转型升级计划—决策—实施—评价—再思考的循环过程中，能够不断进行自我反思和调整，对重污染企业转型升级有根本的指导意义。

3.1.1.2　转型升级目标

重污染企业转型升级的目标包括：更大的成本效益，创新（信息）技术能力，独特的竞争优势，提供新产品、新服务和掌握市场变化等。重污染企业转型升级的核心理念是突破当前技术落后、核心技术缺失的现状，迎合国际竞争市场，突破资源壁垒限制，提高资源的利用率。依赖资源的粗放型发展模式必须被资源高效利用的精益模式替代，产品研发应注入企业核心技术，尤其是信息化技术。重污染企业长期处于价值链的中、底端，信息化可以改变重污染企业生产方式、管理方式及生活方式，帮助重污染企业获得核心技术能力和竞争能力，逐渐向价值链上游移动，在国际高度竞争的环境中获得一席之地。应当鼓励股东和目标客户进行参与。越来越多的客户开始寻求超越产品和服务领域的供应，重污染企业必须综合各种资源来满足集成应用的需求。满足客户是重污染企业转型升级的重要方向，把握市场脉络应该从科学可靠的基础的市场调研、客户信息收集开始，这些也都依赖于信息技术的植入和企业技术变迁。总之，重污染企业实现以上转型升级目标的根本方法是企业技术升级，这也是重污染企业转型升级的根本路径。

3.1.1.3　转型升级方法

从图3.2中可知，重污染企业转型升级的方法主要有企业营销模式转变、企业产品策略的改变、产品或业务技术升级和企业战略变革。按照上文对战略转型升级框架的解释，这些方法的难易度依次增加。在全球化的竞争环境、经济结构调整、资源紧张、客户中心化的环境下，大多数重污染企业认为企业营销模式转型升级或进一步的进行产品策略的调整，是快速获得企业利润增长的有效方式。随着信息时代互联网的普及和电子商务的兴起，战略转型升级同时也是经营模式和商务模式的变革。重污染企业对外部环境的变化进行准确的跟踪，对内部资源审视并进行重组，并形成新的价值主张。价值主张确定后，按照客户需求改变原有的产品策略甚至是价值链模式，最后形成新的经营模式。重污染企业服务化是一种典型的战略转型升级行为，它意味着重污染企业经营和产出维度的变化，从单纯的产品转向服务领域，使企业战略具有多元化的特性。基于互联网技术的电子商务、云平台服务等，是目前产品和营销策略转型升级的主要方法。

信息时代，推动重污染企业信息化和工业化深度融合，是战略转型升级的最主要方向。长期以来，大多数重污染企业仍未摆脱"模仿"和"跟随"的企业经营模式，新环境下重污染企业要获得新的利润增长并培养企业的创新能力，进行以信息技术为主的企业技术变迁是必然趋势。实际上，企业新产品、新服务或创新的营销模式，都依赖于企业先进技术尤其是信息技术在企业中的吸收、改造和运用，最后通过生产、组织运营实现企业的经济效益。现有成熟的转型升级工具有：精益思考7原则、企业系统结构框架、战略地图、ESAT和LESAT等，这些方法中都提到以技术创新为主要内容。实践证明，重污染企业转型升级时的核心任务是技术水平的提升。技术水平较低是重污染企业中普遍存在的问题，第二产业存在技术落后、创新不足、资源配置能力低等问题。第三次工业革命证明了信息技术的核心地位，因此实现重污染企业系统的整体升级主要依靠技术变迁，而企业技术变迁必须是企业信息化、网络化和数据化融合升级的过程。重污染企业在"超竞争"时代的持续发展依赖于企业技术的能力，通过企业技术变迁逐步形成自身核心技术和产品，实现自主创新，在实现重污染企业转型升级目标的过程中发挥着不可替代的作用，也是获得核心竞争力的唯一办法。

3.1.2 重污染企业转型升级的过程分析

现有研究中，Kurt Lewin 的三阶段战略变革过程模型、Ginsberg（1988）模型、Hakan（1998）模型，以及 Rajagopalan 的战略整合模型是关注度较高的过程研究体系。无论是内容学派还是过程学派，都统一将"战略转型升级"视作一个有机的整体来进行研究，对战略转型升级的具体内容和过程分解的研究还很匮乏。这种"黑箱"问题的普遍存在，是重污染企业转型升级研究停滞于理论阶段的主要原因。对重污染企业转型升级的分析，实际上是对转型升级过程机制的分析，也是战略转型升级绩效评价的基石。因此，本节将系统分析重污染企业转型升级的驱动力、实施过程、目标和转型升级路径。

3.1.2.1 驱动力

转型升级源于外部环境变化和企业内部系统的不协调状态[4,5]。结合价值链理论的相关论述[4,6]，本书认为重污染企业转型升级的外部驱动力是价值的缺失，而内部驱动力为业务流程低效。下面对内外部驱动力进行具体分析。

（1）外部驱动力：价值缺失或期望未达标。

1）价值机会。客户集成化解决方案诉求、市场对高技术含量产品需求以及以互联网为主角的信息技术、大数据技术、物联网技术机会诱发重污染企业追求价值链地位提升，从而激发各行业内企业转型升级潜力。

2）价值威胁。基于对国内 20 家转型升级企业的案例分析得知[7]，重污染企业未能满足信息时代提出的信息化、工业化融合发展的要求，粗放式的跟随企业战略仍然占主流，这些源于对市场或新技术威胁的预期失败激发了企业转型升级潜力。

3）价值竞争。美国提出的"工业互联网"，德国提出的"工业 4.0"都推崇利用信息通信技术和信息物理系统，快速地实现制造业智能化，即产品设计、生产过程自动化、数字化、网络化和智能化[8~11]。除此之外，智能管理软件、企业资源计划、供应链管理等方法也被用来提高管理效率，降低管理成本。市场竞争者的转型升级行为使重污染企业及时认识到进行持续转型升级是迫在眉睫的。

4）价值危机。中国虽已成为世界第一制造大国，但随着国际市场格局的变化、资源和环境约束不断强化、劳动力等生产要素成本不断上升，经济增速明显放缓，重污染制造业在国际竞争中总体呈急剧下滑态势。这类稳步下降的市场表现、现金流问题等，促使企业迅速达成共识：转型升级是企业生存的必要条件，企业技术升级是解决问题的主要方法。

（2）内部驱动力：业务流程低效率。

1）市场目标定位。跟随全球市场导向，如跟随新型市场模式、发展延伸业务、拓展领域等。例如，价值网络协作服务是与其他企业合作、共同发展的选择。

2）市场渠道拓展。基于信息及互联网技术的产品和服务销售，如各类电商营销渠道。将信息技术与传统销售模式结合，帮助企业实现精准定位、生产、运输等过程，掌握销售数据和客户反馈，提供客户的自助服务等。另外，基于 IT 的"两化融合"，将能极大提升现有产品的价值，同时产生新的服务模式。

3）价值主张。从产品出发为客户提供围绕产品的系统集成服务。新环境下客户的需求不仅限于产品本身与服务，企业必须提供综合多方资源的集成解决方案。产品自身价值存在局限性，而提供后续乃至终身的集成服务体验是提升企业好感度、知名度的重要途径。解决方案集成服务的起始点往往来自信息交互等技术问题，由此，融合了信息技术的产品和服务的集成解决方案是转型升级的重要契机。

4）服务方式转变。改变提供的产品和服务，由出口导向、投资拉动的以重污染制造业为中心的粗放型增长方式，向以内需为主、消费拉动、创新驱动的以服务业为中心的集约型发展方式转变。服务业的结构性弱势是阻碍经济持续健康发展的"瓶颈"，向生产型和服务型企业转型升级是重要的战略举措[8]。

总结来看，转型升级的内外部驱动力都可能发动重污染企业转型升级，但这两方面并不是孤立的，而是相互影响、相互制约、共同发生的。两者共同构成了企业转型升级的动力系统，并且共同影响转型升级的效果。不难发现，技术变迁始终贯穿于上述每种驱动力机制当中，可见技术变迁是当前企业竞争的主要驱动。它不仅能够帮助企业在市场竞争中占有一席之地，更是企业核心竞争力的主要来源。从微观层面来看，技术变迁在价值链升级中发挥了重要作用，它对价值机会、威胁、竞争、危机等每个类别都产生影响，图3.3是当前环境下企业价值链的经典技术。

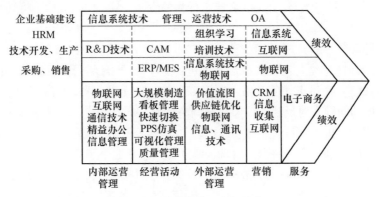

图3.3 企业价值链中的技术

（资料来源：根据 Michael E. Porter《竞争优势》改编）

从宏观来看，新技术是"破坏性创新"的核心[9]，它能够突破企业绩效增长的瓶颈，克服企业惯性，创造新的利润增长。由此可见，无论是克服竞争者威胁或企业内部系统的危机，企业都可以采用技术变迁的手段，尤其可以采用如下的战略：（1）供应链重组。供应链简化，建立 JIT 系统或开发企业信息化技术融合系统。（2）外包和离岸外包。合同外包生产、信息技术支持、引进信息技术人才。（3）流程标准化。企业级流程标准化。产品设计、研发、运营、财务、人事等系统化、标准化、信息化，脱离经验管理法。（4）流程再造。标识、设计和部署价值驱动过程，利用信息系统收集信息，识别并消除无价值活动，即消除浪费。（5）信息技术植入流程。利用信息技术、大数据技术、物联网等建立全自动生产线，建立客户关系管理系统、库存管理等。

3.1.2.2 转型升级过程

转型升级是长期性的企业系统改善，过程漫长且存在着许多未知风险，这需要企业领导者的决心和下层员工的支持。因此理论上转型升级推进过程有两种方式[10]：一种是由管理层提出的转型升级意愿；另一种则是由基层员工在实际工作中提出对企业提升的建议。前者是出于主动的转型升级，后者是迫于现实压力的被动改进。从重污染企业的现状来看，由上至下的转型升级更为现实，原因是：多数员工缺乏对企业的责任感和归属感，以完成任务交差为行为守则，对企业现状和未来走向毫无兴趣，认为事不关己；重污染企业内部信息流存在多种阻碍因素，由下属反馈的改变意愿被上司以各种理由拖沓或回绝；连接上层领导和基层员工的中层领导者缺乏魄力，他们担心惹麻烦上身，因此对上隐瞒虚报，对下恶意打压。

　　另外，如果企业转型升级受到既得利益者、企业高层或基层员工的反对，那么企业转型升级进程将会完全中断，并存在趋于恢复原有系统状态的可能。事实上，人作为习惯动物会出自本能的拒绝转变行为的发生，由此 Lewin[12] 将转型升级描述为解冻—改变—稳定的状态变化过程。Beer[13] 认为转型升级有六个步骤：（1）对业务问题联合诊断，进行变革动员；（2）针对如何组织和管理竞争能力形成共识；（3）对新愿景建立共识并推动其前进；（4）让所有部门都重新调整而不要从高层推动；（5）通过正式的政策、制度和结构，把重新调整制度化；（6）对重新调整过程中的问题及时反映，以监控和调整战略。周长辉[14] 将转型升级过程化为准备、启动、分析、决策、实施、改进六大阶段。王国顺认为，企业的战略转型升级过程有环境识别、资源整合、管理控制和持续创新四个步骤[15]。

　　基于以上分析，我们认为战略转型升级过程主要有计划和实施两个阶段，可以进一步细化为转型升级决策、筹备、价值定位、构建转型升级体系、试行、普及、调试、拓展 8 个阶段，如图 3.4 所示。

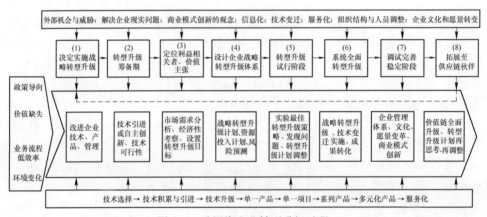

图 3.4　重污染企业转型升级过程

　　（1）阶段 1：战略转型升级决策。受政策、环境和自身情况影响，企业分析现有问题，确立战略转型升级的思想。重污染企业的转型升级意愿一般由上层管理者发起，获得领导层支持和下层员工的理解是实施转型升级的基础。

　　（2）阶段 2：转型升级筹备期。企业设立战略转型升级项目小组，小组成员由转型升级专家、机构评估人员、部门经理（包含 HR、营销、采购、财务、产品部）和其他项目人员组成。该阶段必须由项目组讨论获得可行的战略转型升级计划，技术变迁的方案，确认计划承担人。预测转型升级过程可能出现的危机并拟好应对策略。

　　（3）阶段 3：定位利益相关者及价值主张。主要工作是在充分了解和实现企业价值流的基础上，绘制当前系统状态的价值流图、信息流图和物料流图。这里的利益相关者主要包括：公司股东、客户和企业员工。股东利益至上，了解他们的需求并以转型升级效果迎合最能打破原始状态并激发股东转型升级的欲望。客户的需求已逐渐从商品导向而转为服务导向，转型必须关注是否满足最终客户的需求。另外，企业员工作为价值链的成员也至关重要，他们也是转型升级主要的设计者、参与者和实施者。

（4）阶段4：设计企业战略转型升级体系。转型升级项目组设计完整的转型升级体系，引入相关的转型升级工具，操作尽可能简单可行。各阶段路径规划必须明确，并且估计未来价值流图和需要的投入，设计转型升级支持系统。不同行业企业转型升级的重点设置不同，例如重污染制造业着重技术变迁，而服务类产业则偏重业务系统的提升。要充分考虑转型升级方案是否能够发挥企业优势、克服劣势，是否利用了机会，并将威胁、成本降到最低。

（5）阶段5：转型升级试行阶段。部分试行转型升级计划，要建立实时信息反馈系统，确认各部门的进展状况。评估调试该阶段出现的问题和隐患，再次调试转型升级体系的具体内容。评估各部门发生改变后是否存在稳定价值及其价值流向，探究内外部环境的相互依存关系，确定企业边界，实现企业的核心价值。

（6）阶段6：全面转型升级。战略转型升级的全面实施，借用已确立的转型升级方法按计划实行。

（7）阶段7：调试完善阶段。评估转型升级的结果，检查企业转型升级所进行的各项活动的进展情况，对企业转型升级绩效进行及时评价。这个阶段的企业应该已经实现了各模块的连续价值、信息流，为保证转型升级的完整实施应进行企业文化、愿景、管理体系的重新思考和设计，完成商业模式创新。

（8）阶段8：向供应链拓展。转型升级是企业系统的整体升级，而系统中的成员也涵盖企业社交网络中的成员。转型升级后的企业尤其需要供应链伙伴的支持并做出适应性调整，因此应向供应链伙伴推广转型升级思想，培养领导的支持和推动企业的行为，强调组织学习。

上述的转型升级过程提供了重污染企业转型升级的整体思考方式和分析思路，构建重污染企业转型升级的路径图（Roadmap），可进一步细化该过程并提供具有实践指导意义的分析框架。另外，构建路径图可明晰重污染企业转型升级不同阶段的主要任务和实现方法，更能有效地把握战略转型升级的绩效。图3.5是本书构建的重污染企业转型升级路径图，其中包括两个循环：（1）计划循环。对企业当前状态和未来状态进行分析和定义，并制定转型升级目标、计划。（2）实施循环。将计划付诸实践。另外，图3.5还通过战略循环体现了企业转型升级战略的定义过程。

从图3.5来看，战略转型升级的各阶段并不是相互独立的，过程中各环节的工作是环环相扣的，转型升级过程中经历了计划—实施—矫正—持续改善的循环过程。结合上文对转型升级过程的分析，信息环境下信息技术主导的技术变迁是

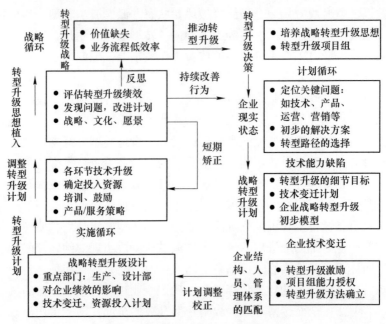

图 3.5　重污染企业转型升级路径图

转型升级的主要路径，在图 3.5 该观点也得到了论证。企业需要对内部资源审视并进行重组，以技术变迁为转型升级路径进行业务技术、组织结构、人员结构、管理体系、文化愿景等方面的转型升级。在该过程中，企业战略变革的主要目的是满足技术变迁的要求，改变原有盈利模式甚至是价值链模式，最后形成新的经营模式。当企业系统形成了全新的战略模式、企业文化、愿景后，对转型升级绩效后果的审视再次开始，系统将进入下一个战略转型升级循环。从战略转型升级内涵的角度出发，结合企业所处的市场环境，可以通过产品和技术两种方式实现战略转型升级，具体分析内容见表 3.1。

表 3.1　重污染企业转型升级方式

战略转型升级方式	环境变化	战略内涵及企业行为
产品及产品组合	全球化的竞争环境； 经济结构调整； 资源紧张，绿色壁垒； 客户中心化； 个性化需求	"源创新"，多元化产品线； 新产品或新产品组合； 产品、服务质量提升； 云服务平台、电子商务和 O2O
技术变迁	第三次工业革命； 信息革命； "互联网+"； "两化融合"	生产技术升级； 管理技术变迁； 信息技术植入，高科技转型升级； 大数据平台、信息交互

由表 3.1 可知，重污染企业转型升级方式有产品及产品组合的重新定位和技术变迁。企业根据自身情况、需求和对外部竞争压力的感知，进行不同方式的重污染企业转型升级，这期间的企业行为是配合性的不断调整。现阶段重污染企业转型升级与商业模式创新的联系极为密切，从产业资源相关性来看，战略转型升级有产业相关和产业不相关两种。但无论属于哪种转型升级类型，采用上述哪种转型升级方式，其本质都是技术变迁主导的战略转型升级。实际上，产品与产品组合策略的转变可视作经营模式转型升级的一种策略，在大多数情况中，该策略的实施仍是以业务技术的变迁为基础的。产品/服务的创新、质量提升、网络营销等一系列的活动都可以通过技术升级实现变革，进而使企业获得新的利润增长和竞争力。也就是说，产品及产品组合是企业绩效实现的主要承担者，但企业系统中的技术变迁才是战略转型升级的根本路径。

企业绩效可用于衡量战略转型升级的效果，但转型升级绩效与企业绩效之间存在一定的区别。以往研究对企业绩效、创新绩效、转型升级绩效没有严格的区分和界定，多数学者使用财务指标如 ROA、ROE、EVA 的单一维度来评价转型升级的效果。本书认为，用财务绩效衡量转型升级绩效存在较大的偏差，因为导致企业财务绩效变化的因素是较为复杂的。重污染企业转型升级绩效评价应当将技术变迁对企业各环节产生的影响作为评价的重点，评价指标的提取主要来源于各环节的技术变迁活动。

3.2 重污染企业转型升级的技术变迁路径

从上文对重污染企业转型升级内涵与过程的分析得出结论，技术变迁是企业获得核心竞争力的主要途径，在经济结构调整和产业创新环境中发挥着重要作用。对技术变迁的理解，学者们给出了不同的解释。"技术创新""技术变革""技术升级""信息技术变革"在这些研究中出现的频率较高，但学者们对这些概念并没有进行严格的区分界定。从这些研究中不难发现，"技术"无论是作为一种动因或方法，都是以一个整体形式对企业转型升级产生影响，但这种研究模式显然不适用于技术变迁作为的企业战略路径的研究。打破技术变迁的路径"黑箱"，对其内涵和机理进行系统的剖析，是对重污染企业转型升级过程及绩效把握的基础。本节将在下文中对技术变迁内涵进行界定，对技术变迁复杂过程进行分解，对其运行机理进行分析和刻画，并构建基于技术变迁的重污染企业转型升级模型，为下文的实证研究奠定基础。

3.2.1 技术变迁的内涵

重污染企业持续、快速、健康成长要首先解决企业生存发展的问题。重污染企业的增长方式存在三个方面的问题：资源要素利用低效率、核心能力缺失、产品结构不合理，生产能力弱。信息变革的环境下，这三个方面都能够通过技术变迁来改善。重污染企业转型升级主要是借助技术变迁实现发展模式转变升级和管理变革等创新活动[16]，实现由低技术水平、低附加值状态向高技术水平、高附加值状态演变的过程。具体来说，产品升级、价值链的横向、纵向拓展都依靠新技术的高度植入。技术变迁是战略转型升级的主要路径主要是因为技术在价值链的提升中发挥重要的作用。技术根植于每一个价值链活动中，技术的提升催生企业获得低成本或差异化的能力，从而获得核心竞争力。资源配置、企业经营、管理体系等每个环节都呈现信息技术，因此，技术进步是企业克服当前壁垒的主要动力，是重污染企业打破限制成长因素的重要机会，也就是说，是重污染企业战略变革的主要内容。

　　针对重污染企业技术落后并处于全球价值链低端的现状，现阶段重污染企业转型升级的重点就是企业技术变迁。重污染企业技术变迁，是广义的各种技术及由它导致的企业生产力发展或收益增长[17]。本书将战略转型升级中的技术变迁定义为：企业由于自身在所处行业的竞争能力降低和竞争优势的衰退，通过新技术的引入或旧技术升级，促使企业系统的整体变革，进而改变企业战略或提升核心竞争力的行为。重污染企业技术变迁是指企业以自身技术为依托，依靠新技术提升重污染企业资源利用率，对企业系统进行升级，完成生产模式和商业模式的创新，并最终获得企业利润的增长和新的竞争优势的过程。本书构建了重污染企业转型升级的技术变迁运行图，如图3.6所示。

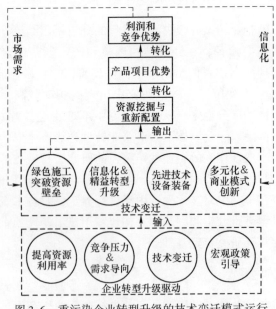

图 3.6　重污染企业转型升级的技术变迁模式运行

重污染企业借助技术变迁获得核心技术能力、建立低成本优势、优化资源配置和管理运营、提升产品/服务质量是战略转型升级的主要内容。资源挖掘、竞争压力、需求转向、信息化及市场政策是主要外部影响因素，在这些因素的驱动下，重污染企业开始以技术变迁为路径的战略转型升级。重污染企业技术变迁能够突破绿色壁垒，实现对资源的综合利用、精细化运作，依靠新技术可形成新的竞争优势，完成重污染企业转型升级模式或商业模式的创新。在该模式中，主要的目的是通过产品\服务创新创造新的利润增长点，实现重污染企业的可持续发展。

转型升级是复杂性的系统升级过程，系统内部技术变迁的运行是由各个不同环节的技术变迁而实现的。技术变迁是对重污染企业生产、管理、产品的创造和提高[18]，它对重污染企业转型升级的影响是一个复杂的过程；技术变迁之所以成为转型升级的重要路径，不仅取决于其自身的提升[19]，还取决于其对于企业运营的提升；技术变迁是重污染企业战略和技术战略集成的实践[20]，该集成需要制造、生产、服务、组织、人力、管理等部门同时运作和协同；技术变迁对重污染企业绩效的提升除了来源于产品性能的提升，更受到它对组织与人员管理优化的积极影响。

技术变迁内涵决定了重污染企业转型升级的基本内容，包括制定转型升级战略与规划，也是转型升级绩效评估的基础。对技术变迁内涵的把握能够帮助重污染企业协调转型升级的各项活动，合理配置资源，构建战略转型升级体系。在以上分析的基础上，重污染企业技术变迁应包含如下几个方面的内容：企业生产技术升级、生产流程改善、服务方式的转变、组织结构重组、人员构成变化和管理体系包括文化、愿景的彻底转变，下文将对以上几个环节的技术变迁机制进行更细化的分析，战略转型升级的构建也将围绕这几方面的内容展开。

3.2.2 基于技术变迁路径的重污染企业转型升级

基于以上有关技术变迁是重污染企业转型升级主要路径的分析，本书提出一种基于技术变迁路径的重污染企业转型升级模式。该模式的运行主要是在技术变迁的指导下，通过重污染企业内部各环节技术变迁活动，实现企业各层面的升级、企业绩效的增长和各维度的战略转型升级。

重污染企业内、外部环境的变化使得现有重污染企业经营模式、运营模式乃至营销模式受到威胁和冲击，原有的重污染企业战略已经不能满足企业的发展需求，技术变迁引入后重污染企业转型升级绩效是判断转型是否成功的标准。技术变迁的过程就是更新和转化重污染企业技术能力的过程，重污染企业各环节中技术能力的集成是引发战略转型升级并打破企业系统原有状态的最佳方式。也就是说，通过重污染企业生产技术、生产流程、服务方式、组织结构、人员构成、管理体系中技术变迁和转化，使重污染企业业务技术实现整体的升级，是重污染企业转型升级的根本路径。重污染企业各环节或各环节关系的变化就是战略转型升级的结果，该结果通过重污染企业转型升级绩效进行衡量。结合上文重污染企业转型升级过程的分析，构建了基于技术变迁路径的重污染企业转型升级过程，如图3.7所示。

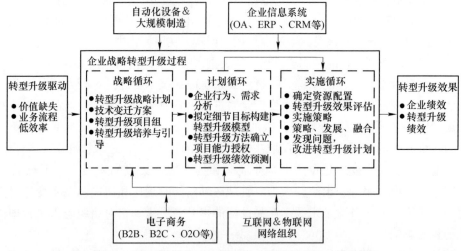

图3.7　基于技术变迁的重污染企业转型升级过程模型

从图3.7来看，技术变迁是支撑重污染企业转型升级的主线，是驱动企业系统整体升级的关键。它通过技术引入、吸收、利用的过程，对企业经营、运营模式进行改变，影响组织结构并促进企业人员的行为、思维、能力提高，从而改变企业的整体行为并达到转型升级目的。结合上文图3.4、图3.5对战略转型升级过程的分析，技术变迁始终贯穿于转型升级的战略、计划和实施循环中：在战略循环中，技术变迁既是动因，又是战略转型升级计划的主要内容。对转型升级机会的识别、风险的预测，包括转型升级资源的投入计划，都要根据技术变迁的具体内容来设置；计划循环中，战略转型升级体系的构建需明确技术变迁在各环节的实现路径，以及各阶段转型升级任务的完成需要进行何种类型的技术变迁。要评估方案是否能够改善企业的现有问题，是否能够满足转型升级战略，并对因技术变迁而产生的成本、绩效进行预测和评价；实施循环的主要任务是进行企业关键环节技术变迁的实施、融合和发展。借鉴上文对技术变迁内涵的界定，参与的主要环节有生产技术、生产流程、服务方式、组织结构、人员构成和管理体系（文化与愿景）。各环节的技术变迁活动存在相互影响和依存关系，实行阶段应及时发现问题隐患，评估各部门转型升级后是否存在稳定的、连续的价值流和信息流。该过程中可能引入的技术主要有先进技术设备、管理信息系统、电子商务平台及相关的互联网、物联网技术。判断重污染企业转型升级是否行之有效，可以通过对企业绩效和基于技术变迁的转型升级绩效的评价来实现。

重污染企业战略成果不佳的关键因素之一是战略目标设置的空虚化，即企业战略的制定与企业经营活动脱节，无法顾及企业现状和实际的经营过程。一些企业采取"跟风"和模仿的策略，转型升级决策较为盲目，没有构建系统的转型升级体系，也没有将模糊的愿景转换为实际可操作的行为。重污染企业转型升级的成败取决于企业战略、业务流程、行为、结构、人员和文化的支撑。它是在企业技术积累和升级的基础上，引发的上述内容的一系列的变化，使企业持续发展的过程。本书从重污染企业的组织要素出发，将重污染企业转型升级分解为企业战略的转变、业务流程的调整与转变、组织结构的转变、企业人员的转变共四个子维度。下面进行简单的阐述：

（1）企业战略、文化和愿景的转型升级是重污染企业面对变革中的市场和技术，确立新的、满足多样化需求和竞争的愿景和战略规划，对企业经营形成新指导和准则，建立适应信息化需求的新文化氛围。从创新氛围、客户导向、风险识别、战略目标达成等方面可以对该维度进行描述。

（2）参考前文图 3.1 对战略转型升级的解释，重污染企业业务流程重组是战略转型升级的另一重要方面。重污染企业需进行业务活动的转型升级，从适应环境的变化视角重新审视、设计重污染企业业务的内容、规则和机制，形成能适应转型升级变化的最优企业活动形式。

（3）重污染企业业务活动是由重污染企业内部各部门、组织、团队协作实现的，因此重污染企业还要进行组织结构的转型升级。要彻底改变原有的金字塔或职能型组织结构，使组织结构向灵活的、敏锐的扁平化、柔性化和网络化结构转变。从柔性结构、网络组织、虚拟团队、企业信息管理系统等方面可以描述组织结构维度的转型升级内容。

（4）企业人员与组织结构的转型升级是相辅相成的，新的企业系统、业务流程、行为模式都要求企业员工进行自我创新发展。信息技术和多能工能力是企业信息化转型升级的必然要求，企业人员需要克服自身思维定式和"惰性"，自发自愿地参与学习和培训，从根本上转变思维方式和行为模式。企业人员的技术能力提升，就是重污染企业整体技术能力的提升，是重污染企业转型升级发展的重要内容。

3.3 技术变迁机理分析

基于重污染企业转型升级的现状，以前文战略转型升级、技术变迁分析为基础，从典型重污染行业的视角出发对重污染企业转型升级的技术变迁机理进行研究。分析具有行业特色的技术变迁过程的机理和特殊性，为下文重污染企业转型升级的系统研究提供基础。

3.3.1 重污染企业战略转型升级的技术变迁模式

重污染企业的技术变迁活动具有显著的行业特殊性，不同行业的重污染企业在实施战略转型升级时具有不同的侧重和路径机制。尽管不同重污染企业的转型升级动因有重合的情况，但这些动因使技术变迁呈现不同的作用机理。上文提出，战略转型升级分析时将把重污染企业描述为一个系统，该系统中各子系统是紧密连接、相互交流、共同变化的网络整体。显然，处于不同行业的重污染企业系统其内部的设置和子系统运行是具有差异的。为保证技术变迁路径的顺利运行，重污染企业要设置不同的转型升级要素。技术变迁是在外部环境和企业内部因素共同作用下进行的活动，这涉及战略、市场、技术、组织等多方面的影响。当战略转型升级发生时，相关主体间资源、信息的流动也是不尽相同的。因此，对于不同行业的重污染企业的转型升级过程描述、关键要素定位是必要的。除此之外，不同行业对其转型升级绩效的衡量皆有不同。新技术能影响重污染企业绩效的变化，更重要的是获得重污染企业发展和子系统的升级变化。科学测度、量化分析是转型升级战略、选择合适路径和重污染企业提升转型升级绩效的基础。各行业绩效测度指标的提取、数据来源差异很大，对于转型的实证研究，特别是对重污染企业转型升级的状态、趋势的判断具有重要意义。综上，应该对所选取行业进行界定，在行业特殊性的基础上对重污染企业转型升级的技术变迁机理进行描述和建模。本书选择重污染制造业作为对象，在剖析重污染制造企业转型升级的现状、特征和关键要素的基础上，分析战略转型升级的技术变迁路径运行机制，构建过程机理模型。

重污染制造业作为国家发展和经济增长的驱动力，是各国繁荣和参与全球竞争的重要基石[21~25]。2008 年金融危机以后，重污染制造业面临市场环境巨变，经济复苏缓慢、市场总体需求下降、各国竞争异常激烈的状况。国际上开始重新认识重污染制造业，很多国家先后提出以信息革命振兴重污染制造业作为国家发展的主要战略。尽管中国重污染制造企业在国际上享有盛誉，但随着企业用工成本、资源成本、融资成本等各类成本的急剧上涨，企业利润率也大幅下降，"中国制造"模式受到极大的挑战。2015 年，中国推出《中国制造 2025》、"互联网+"等战略，深化结构性改革，尤其是供给侧结构性改革、加快中国制造提质增效[26]。也就是说，通过技术创新推动转型升级，推动互联网与制造业深度融合[27]。因此，对重污染制造业转型升级及技术变迁的复杂性充分阐述，对路径机理进行深度剖析具有十分重要的意义。

科技创新转换为重污染制造业转型升级带来了新的机遇，随着信息技术的飞速发展，电子商务和虚拟经济已经逐步走向成熟，信息技术深度植入成为企业解决现实问题和实现经济利益的主要途径。"互联网""大数据""智能制造"等关键词频现，预示着重污染企业依托信息技术找到新的利润增长点，进而提高自身竞争力是转型升级的主要路径[28]；信息技术必将促使重污染企业盈利模式的转变，组织结构也将随之深刻变动；企业转型升级是价值链的整体升级，以重污制造业为例，多数重污染企业已明确了以信息技术变迁为主导的转型升级路径，正经历着由从 OEM 到 ODM 再到 OBM 的转型升级过程[27]；在不断加剧的市场竞争和创新驱动下，重污染制造业需依托先进技术实现成本下降、产品服务升级、渠道提升等转型升级目标[28]；重污染制造业转型升级基本原则是通过技术变迁迈向更具获利能力的资本和技术密集型经济领域的能力过程。

　　从上述研究可知，技术变迁是重污染企业转型升级的必由之路，它在企业转型升级过程中起到了强有力的推动作用。无论是企业内部整合或外部价值链，乃至产业链升级，都必须依托技术变迁为主线。本书认为，重污染制造企业通过技术变迁，采用以下几种对策解决现实问题，完成战略转型升级，如表 3.2 所示。

表 3.2　基于技术变迁的重污染制造业战略转型升级实现

	现状 & 问题	转型升级方法	实现方法
经济结构转型升级 & 信息环境	产能过剩、业绩下滑	按需生产，智能生产	·先进设备、生产流程管控 ·匹配的组织结构、业务流程
	绿色壁垒、能力不足	大数据，高技术人才	·企业资源计划、物联网 ·信息技术人才、创新人才
	竞争颓势	商务模式创新，产品+服务模式	·服务化升级、互联网技术 ·电子商务、客户关系管理
	效率低下	"两化融合"，技术升级	·数字化、智能化、自动化提升运营 ·改变企业管理体系、文化、愿景

　　结合表 3.2 的内容，从重污染制造企业的行业特征和转型升级现状出发，基于技术变迁视角来看，重污染制造企业的技术变迁在以下几个环节中有突出的表征：生产技术、生产流程、服务方式、组织结构、人员构成和管理体系，由此构建了重污染企业转型升级的技术变迁内涵图，如图 3.8 所示。

图 3.8　重污染企业战略转型升级的技术变迁内涵

　　重污染企业转型升级中的技术变迁可分解为两个部分：业务技术和管理技术。业务技术变迁（business technology change）是指重污染企业改进现有技术或由外部引入新技术改进旧产品或创造新产品的过程。该层面的技术变迁过程是生产技术、生产流程、服务方式的变迁。管理技术变迁（management technology change）是指重污染企业为配合产品技术变迁而实行的一系列如新的管理办法、新的管理手段、新的管理模式，使组织结构、人员构成、管理体系发生改变的过程。在转型升级过程中，两个层面的技术变迁是同时进行的，由此构建了业务（B）与管理技术变迁（M）并行的技术变迁（TC）模式，以下简称 BMTC 模式。BMTC 模式下的技术变迁内涵如图 3.8 所示。下面对各环节机理进行具体的分析。

3.3.2　生产技术的技术变迁

生产技术的转型升级方向是技术的智能化、网络化和数字化。尽管"中国制造"已遍布全球，但多数重污染企业主要采取模仿西方先进技术，或直接引进的策略，并不具备核心技术；自主创新和研发能力有限，很难满足消费者需求。企业核心技术、品牌控制、产品设计、软件支持、关键零部件配套、关键设备、销售渠道等环节几乎都受制于国外企业，因此始终处于被动状态而无法超越西方企业[29]。以"两化融合"为纲领，生产技术的变迁是使用互联网、大数据、云计算等信息技术突破技术壁垒，拉近技术差距[30]；增加技术研发的资源投入，以自主创新取代"引进"模式，培养自身的核心技术能力；利用信息技术使企业业务技术与新型商业模式相融合，向服务型企业转型升级。

生产技术升级后一般不能马上进入生产流程，需要经过试生产环节。直接引入的技术或自主研发的新技术离工业化生产还有较大的差距，小批量的试生产能够测试新技术的性能并发现问题，同时还能检验新产品在市场的反应，使企业能够及时改进和调整，避免技术失败的风险。试生产是新的生产技术投入使用前的必要环节，也是生产流程技术变迁成功的保障。这一阶段的变迁过程如图 3.9 所示。

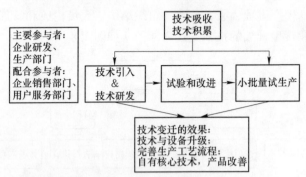

图 3.9　重污染企业生产技术的技术变迁机理

3.3.3　生产流程的技术变迁

随着劳动力成本上涨，行业技术更新换代，重污染制造企业在国际市场上的竞争力减弱。提高生产力、降低总成本，朝数字化、服务化、环保化转变，是生产流程技术变迁的目标。参考信息革命提出的海量数据、物联网、服务网和网络安全四大支柱,企业生产流程将会完全整合、构成系统,并能实时分享交换资讯。自动化工艺及先进的服务让生产流程更具效率、更加灵活,能在第一时间同步消费需求的转变。重污染制造业产品的生产流程中存在明显的弊端:前期产品设计观念缺乏创意,脱离市场主流;阶段人力、财务成本高;整个流程冗长、复杂不易控制;资源浪费严重等。近年新兴的 3D 打印技术重塑了产品生产组装方式,虚拟设计、精准制造、数据制造等方式改善了传统生产流程中存在诸多问题;信息系统通过互联网实现互联互通和综合集成,机器运行、车间配送、企业生产、市场需求之间的实时信息交互,原材料供应、产品生产等全过程变得更加精准协同。综上,生产流程转型升级是利用信息技术深度植入简化传统流程,用智能化生产(服务)促使企业能力提升。生产流程改善为下一阶段推动产品进入市场获得利润打下基础,是企业及技术变迁价值实现的主要环节。这一阶段还需要企业同时充分调动企业、供应商、客户、竞争对手、金融机构、保险机构乃政府部门等各种市场要素建立生产改善的长效机制,并使这些代表各自利益的市场要素共同承担转型升级任务,把新产品推向市场化、商业化。该阶段的技术变迁机理如图 3.10 所示。

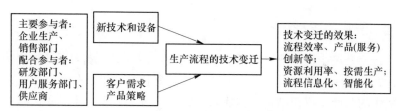

图 3.10　重污染企业生产流程的技术变迁机理

3.3.4　服务方式的技术变迁

新环境下的客户需求更趋于多样化、智能化和个性化。尽管传统服务方式的固有优势仍然存在,但消费者行为模式由原本的实体购物转变为偏好通过互联网工具去获取产品或服务。企业服务方式的转型是以互联网、大数据为代表的技术将贯穿设计、制造、营销的全过程,为生产提供辅助决策支撑,向客户提供更精确和个性化的产品或服务。云终端、物联网、ERP 等为企业实现 O2O、门店网络管理、供应链管理、客户资料采集等提供了有力支持,使服务方式的智能化变革成为可能。

服务方式和企业营销所体现的是企业产品对市场需求的满足能力,企业应通过技术升级拓展渠道能力,完善服务方式。以往企业是采用市场调查和营销数据分析的方式,对市场进行分析和预测,对客户偏好进行判断,但这种方式具有时效性且存在较多的不确定因素。当今市场环境的变化迅速且复杂,凭借传统方法很难掌握实时的信息，也很难同时协调企业多个环节对产品营销和服务的变化进行配合。服务比产品具有更高的利润，基于互联网技术的服务方式转型升级可以为客户提供集成的解决方案，并与此同时促进了供应链伙伴的发展；电子商务平台使企业服务方式与市场环境变化相匹配，促进产品专业化、专利化和个性化水平的提升，是企业利润、市场份额和竞争优势是重要的关键影响因素。企业信息系统的上线、客户信息收集和反馈机制的建立，能够大幅提升企业应变能力和运营效率，使企业能够快速从战略转型升级中收获利益，显著提升企业绩效。图 3.11 展示了企业服务方式的技术变迁机理。

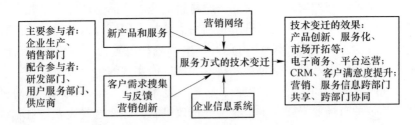

图 3.11　重污染企业服务方式的技术变迁机理

3.3.5　组织结构的技术变迁

企业转型升级中员工协同关系会发生变化，因此必须打破原有的组织平衡，重新设计新的组织结构以发挥企业的新优势。企业需改变原有不合理的、无法适应环境变化的职能型组织结构，构建新型的、灵活的、适应环境变化的柔性组织结构；技术变迁降低了信息传播、存贮、处理费用，减少了组织内部交易费用，在很大程度上取代了中间管理层，企业组织由以前的"金字塔"式变成扁平式。信息技术可以把地理上分散的团队成员联接起来，形成虚拟团队，协作不再受空间距离的束缚，组织结构向横向变迁[31]；互联网技术使企业内部各功能单元、供应链伙伴、客户甚至不同企业间可以共享信息，通过成员协作和创新实现战略目标，这进一步促使组织结构演进为网络组织。基于信息技术的企业信息系统是组织网络化的核心，它提供了一种高效率、低成本的信息、知识、技术、人才、资源的传递方式，使企业内部协同、项目团队建设成为可能；另外，学习型组织可以帮助企业快速积累技术知识存量，而企业技术和转型能力是这种积累的结果，并决定企业转型升级发展的方向。转型过程中必然需要大量的组织学习、知识创新、人才培养等机制支撑，以上因素的共同组合形成了对企业转型升级影响最大的企业内部环境要素。组织结构的技术变迁不仅为转型升级活动提供系统机制的支撑，还深刻影响了企业技术变迁资源的运作方式，并能够影响或制约重污染企业转型升级的绩效。

重污染制造企业组织结构的技术变迁可按照以下的步骤进行：（1）识别转型升级驱动；（2）构建组织转型升级目标；（3）组织结构重构；（4）企业文化、愿景匹配；（5）评价和调整组织结构形态。由此，构建重污染企业组织结构的变迁机理模型，如图3.12所示。

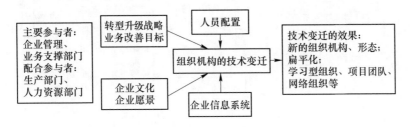

图3.12 重污染企业组织结构的技术变迁机理

3.3.6 人员结构的技术变迁

与组织结构调整相适应的是企业人员构成发生变化。技术的智能化、网络化发展还大幅降低了对劳动人员数量的要求，但对员工技术能力、专业素养的要求有所提升。扁平式组织结构中的信息传播方式发生了变化，价值信息通过企业数据平台快速传播，针对外部环境的变化决策层能够迅速做出调整。从实际情况来看，选拔员工的条件变化为：除了熟练掌握计算机、信息技术之外，还必须拥有岗位责任感。值得一提的是，人员的反对情绪极易对转型升级的成败产生影响，因此企业应选择具有创新思维且具有适应能力的员工。

企业员工是战略转型升级的主体，研发人才、生产人才、营销人才和管理人才为重污染企业转型升级提供支持和价值活动，新技术的采纳、加工并最终将其转化为产品商业化的过程在很大程度依赖企业员工的技术能力。技术创新人才能根据市场、产品需求提出技术变迁的思路，分析和管理人才有能力对技术变迁过程中涉及的各项活动和人员进行策划和协调，帮助企业顺利完成企业转型。组织激励主要是解决企业内部人员的抵触和消极行为，构建转型升级和技术创新的激励机制能够显著降低转型升级风险，并能够使企业快速获得转型升级绩效。转型升级激励主要包括激励机制、对象和效果三个要素。高层团队和企业领导层是企业转型升级的根本，转型升级战略必须充分肯定领导者的主导地位，还要使高层团队能意识到和分享企业转型升级的价值，否则重污染企业转型升级将难以开展。信息时代，企业人员的知识结构、素质能力对企业发展的重要保障。企业需要增加相关人员投资，一方面引入信息化、多能工人才，一方面使企业员工能够持续不断的学习并提升创新能力，提高技术应用能力，实现企业的可持续发展。企业人员构成的技术变迁机理，如图3.13所示。

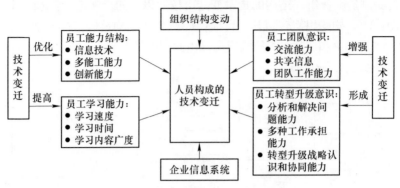

图 3.13　人员结构的技术变迁机理

3.3.7　管理体系的技术变迁

要确保技术变迁各环节和相关支持要素形成最有效的运作方式和实现有效组合，就必须形成符合企业战略发展的管理体系。生产技术为基础，组织结构为保障，管理体系为手段，才能不断提高企业转型升级能力。重污染企业的战略转型升级表面上看是业务技术的转型升级，但实质上是企业管理体系、企业制度的转型，也是企业文化和愿景的转型升级。

目前，企业内部常用的管理体系包括 ISO9000 - 9004 质量管理体系、ISO14000 环境管理体系、ISO27000 信息安全管理体系和 OHSMS 职业健康安全管理体系等。信息化环境下，企业应根据自身转型升级目标加速新旧技术的转换，完善管理体系的可操作性，确保企业与新的管理机制相适应并保证其有效落实。另外，企业管理理念、服务理念甚至与企业文化也应当突破和变革，实现整个体系的发展。

重污染企业转型升级的实现，转型升级方案设计人员必须对现有生产流程、组织结构、人员管理进行重新设计，保障内部系统的正常运转，从而有利于构建完善的管理体系，配合转型升级的需要。技术嵌入后的管理体系既能保证转型升级资源的合理配置和利用，提高运营效率，又能保证企业按照既定的转型升级方案执行，保障转型升级绩效。管理体系中的技术变迁主要是通过智能化、信息化的管理技术的引入，实现管理管控和提升；管理的技术升级提出一种新的经营思路并加以有效的实施，帮助企业尽早脱离经验管理，是一种管理理念的创新；当前，它也带来了一种新型的企业管理方式，不但能够提升生产效率，也使转型升级期企业人员更加协调，或更好的激励员工参与转型升级和自我提升；它更是一种新的管理模式、企业文化，使企业总体资源有效配置的范式，既是组织行为的规范，又是员工行为的规范，使组织绩效更上一层楼。本书构建的企业管理体系的变迁机理图，如图 3.14 所示。

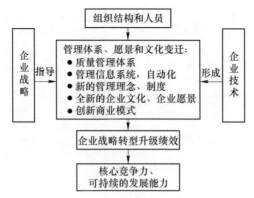

图 3.14　管理体系的技术变迁机理

3.4　重污染企业转型升级的研究模型和假设

3.4.1　重污染企业转型升级研究模型的构建

本书在构建重污染企业转型升级研究模型的基础上，采用问卷调查的实证方法对基于技术变迁路径的战略转型升级进行研究，揭示技术变迁的内涵和机理，并提取影响重污染企业转型升级的关键影响因素。为保证构建的战略转型升级模型具有实践意义，进一步采用结构方程模型考察技术变迁各环节与企业绩效的关系，再结合上文的关键影响因素构建企业绩效的评价指标体系。结合重污染企业转型升级的实际情况，对技术变迁的效率进行进一步的探索。为获得对重污染企业转型升级的现实启示和对策，对技术变迁路径的运行进行系统动力学模拟，定位过程中的关键路径并发现其中存在的问题。根据实验结果，提出技术变迁路径的提升对策，为重污染企业的战略转型升级提供建议。本书构建了重污染企业转型升级的理论研究框架，具体见图 3.15。

3.4.2　研究假设的提出

以上各环节技术变迁是一个并行的、互嵌的过程。该过程是以技术升级、生产流程整合为主体，服务方式、组织结构、人员构成、管理体系的技术变迁为配合，以企业技术的升级为载体形成的相互作用、相互促进、相互渗透、相互制约的有机的、系统化的整体。该系统主要是通过充分发挥技术变迁的作用，为重污染企业转型升级服务。以上环节是重污染企业转型升级的根本内容，其中技术变迁的过程机理是企业行为转变和技术的融合过程。能否准确识别各环节的关键因素和对关联的战略转型升级成果的判断与评价，并将各环节技术与行为变化融合进行综合分析和梳理，是重污染企业转型升级研究的关键。本书将根据上文分析提出了基于技术变迁路径的战略转型升级理论模型和相关假设，并说明各个假设

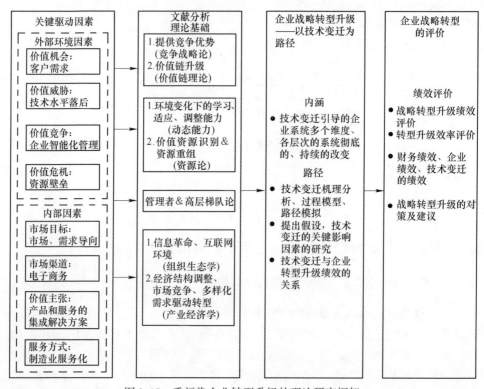

图 3.15   重污染企业转型升级的理论研究框架

背后所支持的逻辑和理论基础，具体情况如图 3.16 所示。

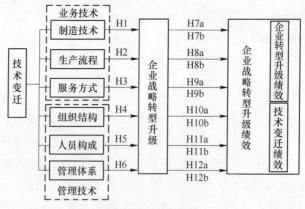

图 3.16   研究假设

根据本书提出的技术变迁 BTMC 模式，重污染企业转型升级主要由业务技术和管理技术的两个层面的技术变迁组成。其中，生产技术、生产流程、服务方式属企业业务层面的技术变迁，而管理技术层面由组织结构、人员构成、管理体系中的技术变迁组成，两个层面的技术变迁不会独立存在，对技术变迁的影响是同时发生的。参考上文对 BTMC 模式中各环节技术变迁内涵和机理的分析，提出以下的研究假设。

假设 1（H1）：生产技术的变迁对重污染企业转型升级有正相关关系的影响。

假设 2（H2）：生产流程的技术变迁对重污染企业转型升级有正相关关系的影响。

假设 3（H3）：服务方式的技术变迁对重污染企业转型升级有正相关关系的影响。

假设 4（H4）：组织结构的技术变迁对重污染企业转型升级有正相关关系的影响。

假设 5（H5）：人员构成的技术变迁对重污染企业转型升级有正相关关系的影响。

假设 6（H6）：管理体系（文化和愿景）的技术变迁对重污染企业转型升级有正相关关系的影响。

除此之外，为弥补重污染企业转型升级研究在定量分析中的缺陷，进一步验证技术变迁路径在企业转型升级中的关键作用，本书还构建了技术变迁与重污染企业转型升级绩效关系研究的理论模型。针对技术变迁各环节和企业转型升级绩效间的关系提出假设，从实证的角度对技术变迁和重污染企业转型升级提供建议。本书提出的技术变迁与转型升级绩效的关系模型将研究层次由理论模型拓展至实证讨论，不断能够弥补以往研究的不足，更为重污染企业转型升级完善的理论研究体系的构建提供了部分参考。同样根据本书提出的技术变迁 BTMC 模式和相关文献，提出技术变迁影响企业绩效的研究假设。

假设 7a（H7a）：企业制造技术变迁与转型升级绩效存在正相关关系。

假设 7b（H7b）：企业制造技术变迁与技术变迁绩效存在正相关关系。

假设 8a（H8a）：生产流程改善与转型升级绩效存在正相关关系。

假设 8b（H8b）：生产流程改善与技术变迁绩效存在正相关关系。

假设 9a（H9a）：服务方式转变与转型升级绩效存在正相关关系。

假设 9b（H9b）：服务方式转变与技术变迁绩效存在正相关关系。

假设 10a（H10a）：组织结构重构与转型升级绩效存在正相关关系。

假设 10b（H10b）：组织结构重构与技术变迁绩效存在正相关关系。

假设 11a（H11a）：合理的人员构成与转型升级绩效存在正相关关系。

假设 11b（H7b）：合理的人员构成与技术变迁绩效存在正相关关系。

假设 12a（H12a）：管理体系再造与转型升级绩效存在正相关关系。

假设 12b（H12b）：管理体系再造与技术变迁绩效存在正相关关系。

对以上因素的测量、实验设计和数据搜集，包括对假设的验证和结论的探讨，将在后面的章节中具体体现。

3.5 本章小结

本章通过对重污染企业转型升级和技术变迁过程和内涵的分析，提出了基于技术变迁路径的重污染企业转型升级模型。从重污染企业转型升级的内容、过程、实现方法的分析角度出发，对战略转型升级内涵进行界定，并基于该过程的机理构建了企业转型升级的战略地图。综合战略转型升级路径的研究成果和重污染企业转型升级的现状，提出技术变迁是重污染企业转型升级的主要路径。构建了重污染企业转型升级的技术变迁运行图和基于技术变迁路径的战略转型升级过程模型，在对技术变迁内涵的剖析和对运行机理的阐述基础上，提出了技术变迁的 BTMC 模式。通过对技术变迁各环节的解释和对战略转型升级影响的理解和预测，进一步地提出了一个可供于实证研究的以技术变迁为路径的战略转型升级理论模型及相应的共 18 个研究假设。

参 考 文 献

[1] 薛有志，周杰，初旭. 企业战略转型的概念框架：内涵、路径与模式 [J]. 经济管理，2012，34 (7)：39~47.

[2] 王清，张云初，等. 让企业文化起来 [M]. 上海：海天出版社，2002.

[3] 刘冀生. 企业战略管理——不确定环境下的战略选择及实施 [M]. 北京：清华大学出版社，2016.

[4] E Giuliani E, Pietrobelli C, Rabellotti R. Upgrading in Global Value Chains：Lessons from Latin American Clusters [J]. World Development, 2004, 33 (4)：549~573.

[5] 江诗松，龚丽敏，魏江. 转型经济背景下后发企业的能力追赶：一个共演模型——以吉利集团为例 [J]. 管理世界，2011 (4)：122~137.

[6] 江诗松，龚丽敏，徐逸飞. 转型经济背景下国有和民营后发企业创新能力的追赶动力学：一个仿真研究 [J]. 管理工程学报，2015，29 (4)：35~48.

[7] 程惠芳. 重污染企业的创新与转型：浙商案例分析 [M]. 杭州：浙江大学出版社，2016.

[8] 刘志彪. 发展战略、转型升级与"长三角"转变服务业发展方式 [J]. 学术月刊，2011 (11)：71~77.

[9] 威廉·泰勒. 颠覆性创新 [M]. 北京：中华工商联合出版社，2013.

[10] Stewart Greg L, MangesKirstin A, WardMarcia M. Empowering Sustained Patient Safety [J]. Journal of Nursing Care Quality, 2015 (3)：240~246.

[11] 周剑，陈杰. 制造业企业两化融合评估指标体系构建 [J]. 北京：计算机集成制造系统，2013 (9)：2251~2263.

[12] Lewin K. Frontiers in group dynamics [J]. Human relations, 1947, 1 (1)：5~41

[13] Beer M, Eisenstat R A, Spector B. Why change programs don't produce change [J]. Harvard

business review, 1990, 68 (6): 158~166.

[14] 周长辉. 重污染企业战略变革过程研究: 五矿经验及一般启示 [J]. 管理世界, 2005 (12): 123~135.

[15] 王国顺, 唐健雄. 重污染企业转型升级的整合架构剖析 [J]. 预测, 2008 (3): 23~26.

[16] 陈琪, 等. 中小企业转型升级机理研究——基于浙江典型案例分析 [M]. 杭州: 浙江大学出版社, 2014.

[17] 张红星. 关于技术变迁与制度变迁的两种观点 [J]. 产业与科技论坛, 2009, (7): 23~29.

[18] 彼得·德鲁克. 卓越成效管理者的实践 [M]. 北京: 机械工业出版社, 2006.

[19] 许振亮, 郭晓川. 50 年来国际技术长信研究文献分布的统计分析 [J]. 科学学与科学技术管理, 2011, 32 (4): 85~91.

[20] 纳雷安安 V K. 技术战略与创新 [M]. 北京: 电子工业出版社, 2002.

[21] 贾西诺斯基, 哈姆林. 美国制造: 50 家美国制造业企业的成功内幕 [M]. 北京: 华夏出版社, 2006.

[22] 李克强. 实施"互联网+流通"打造智慧物流体系 [R/OL]. [2016-04-08]. http://www.gov.cn/guowuyuan /2016-04/06/content_ 5061745.

[23] 李克强. 内部讲话谈中国制造 2025: 主打中国装备 [R/OL]. [2016-02-14]. http://money. 163. com/15/ 0620/21/ASJ60L1B00252G50. html.

[24] 田宇, 马钦海. 电信业技术变迁的演化博弈分析 [J]. 技术经济, 2010, 29 (2): 34~38.

[25] 许振亮, 郭晓川. 50 年来国际技术长信研究文献分布的统计分析 [J]. 科学学与科学技术管理, 2011, 32 (4): 85~91.

[26] 贾西诺斯基, 哈姆林. 美国制造: 50 家美国制造业企业的成功内幕 [M]. 北京: 华夏出版社, 2006.

[27] 薛有志, 周杰, 初旭. 企业战略转型的概念框架: 内涵、路径与模式 [J]. 经济管理, 2012, 34 (7): 39~47.

[28] 李小红. 企业战略转型研究评述 [J]. 外国经济与管理, 2015, 37 (12): 3~15.

[29] 龚三乐. 全球价值链内企业升级绩效、绩效评价与影响因素分析——以东莞 IT 产业集群为例 [J]. 改革与战略, 2011 (7): 178~181.

[30] 郭伟锋, 王汉斌, 李春鹏. 制造业转型升级的协同机理研究——以泉州制造转型升级为例 [J]. 科技管理研究, 2012, 23: 124~129.

[31] 张雪江. 技术变迁对企业组织结构的影响 [J]. 井冈山大学学报 (社会科学版), 2007, 28 (3): 109~112.

4 重污染企业转型升级关键影响因素识别

基于第 3 章的重污染企业技术变迁过程分析，本章以陕西省重污染企业为样本，在对当前重污染企业转型升级的特点和现行路径探讨的基础上，采用调查问卷的方法结合第一手调研资料，对战略转型升级的关键影响因素进行实证分析。本章选取国内外成熟量表为基础，再根据实际调查的内容进行修改，最终获得调查问卷的主要指标和题项。选取具备转型升级特点的样本企业，开展问卷和数据收集。借助 SPSS21.0 分析工具对数据进行描述性、相关性分析、信度和效度分析，定位影响战略转型升级的关键影响因素，并对研究假设进行验证。根据实证研究的结果，对重污染企业的技术变迁过程及发展趋势有整体的把握，提出相关建议和进一步研究的方向。

4.1 典型行业的选取：具有重污染特征的制造企业

具有重污染特征的制造企业在推动中国国民经济发展中起着至关重要的作用，在过去的 30 年中，中国 GDP 中的 40% 来源于"中国制造"的贡献，但具有重污染特征的制造企业给各地生态环境也造成了严重破坏[1]。

在原有投资主导增长模式逐渐失去动力的情况下，经济转型升级迫在眉睫，而其中推进重污染企业的彻底转型升级是主要任务。第三次工业革命，是以互联网为代表的信息技术崛起的时代。信息技术的飞速发展，一方面推动全球产业链向高端智能发展，另一方面对全球企业提出了新的要求。西方发达国家纷纷制定信息化产业发展战略，使信息技术广泛渗透到各个工业门类中，工业发展水平又有了新的飞跃。美国提出的"工业互联网"，德国提出的"工业 4.0"都推崇利用信息通信技术和信息物理系统，快速实现制造业智能化，即产品设计、生产过程自动化、数字化、网络化和智能化[2]。除此之外，智能管理软件、企业资源计划、供应链管理等方法也被用来提高管理效率，降低管理成本。

从行业表象总结来看，重污染制造业存在的问题可总结为"高投入、高消耗、高排放、不协调、难循环、低效率"等。要素利用率、资本利用率、能源利用率的普遍偏低，都是上述问题的表征。经济增长方式转型升级是国民经济全面发展的根本路线，重污染企业的持续增长需依托产业发展方式由粗放型向集约型的转变路线。无论是十六大报告中的"以信息化带动工业化、以工业化促进信息化"，十七大报告的"推进信息化与工业化的融合"，还是 2016 年提出的《互联网+》《中国制造 2025》计划都指明了现阶段重污染制造企业转型升级的根本路径：充分依靠互联网、第三方支付、智能物流、大数据、云计算等信息技术，促进产业链向中高端升级，加快企业转型升级的脚步，提高重污染企业在未来世界经济发展中的竞争力。也就是说，只要抓住技术变迁这一转型升级的新契机，配合调整企业结构，重塑产业价值链体系，使企业信息化和工业化高度融合，就能够重塑我国企业在国际市场上的竞争新优势。

然而，从现实情况来看，虽然处于较发达地区的重污染企业已经意识到技术变迁的重要性，但它的推进情况却不乐观，对多数重污染企业来说，企业技术升级需要持续不断的资金投入，但这种投入获得的利润在短时间内非常有限，因此大部分重污染企业并不愿意冒险进行自主创新，许多产品的核心技术和生产设备仍然采用国外引进的方式，研发主导型重污染制造企业的占比仅为 10%。重污染制造企业实施技术变迁过程中存在的主要问题主要体现在自主创新能力薄弱、技术资源投入低和缺乏可参考经验三个方面。

4.1.1 自主创新能力薄弱阻碍技术升级

重污染制造企业缺少拥有自主知识产权的核心技术，自主创新能力较低，尚未形成创新体系。尽管已经掌握某些领域的尖端技术，但企业研发机构数量明显不足，研发能力和科技能力有限。尤其对于广泛的中小型重污染制造企业来说，资金和人才匮乏等限制了企业自主创新的积极性，企业长期以来习惯性地依靠引进国外技术而非进行自主研发，产生了严重的技术依赖现象。由于企业自身技术吸收、消化能力较弱，这些引进的技术或装备运作的效率较低，经过一段时间后又变为落后技术，使中小制造企业一直处于"引进—吸收—落后— 再引进"的低绩效模式中。在地域协同上，我国自主创新的地域差距较大，没有完备的科技创新公共平台。《中国区域创新能力报告 2015》指出，"区域创新能力以江苏、广东为代表的省份遥遥领先，但广大的中西部地区处于投资和要素驱动阶段。这些地区科技要素基础薄弱，市场化水平低，创新创业环境较差，需要相当长时间的培育才能实现创新驱动的转型"[3]。企业在技术创新上的亦步亦趋严重阻碍了技术变迁的进度，这是重污染制造业转型升级进度缓慢的主要原因。

4.1.2 资源投入有限成为技术变迁的瓶颈

技术资源投入对技术变迁具有重要的作用，其直接作用是提高资源利用率，实现精益生产；间接作用是通过乘积效应提升企业转型升级绩效。其中，研发经费的投入直接影响技术变迁的实施，两者具有正相关关系。根据《工业企业科技活动统计年鉴 2015》，2015 年我国研发经费投入强度（研发经费与 GDP 之比）为 2.10%，与发达国家 3%~4% 的水平相比仍有较明显差距。企业的研发投入强度更低，我国规模以上工业企业研发投入约占销售收入的 0.9%，而发达国家企业的这一比例平均为 2%[4]。相比区域实力较强的中东部地区企业，西部地区的重污染企业自有技术资源明显不足，尽管有西部大开发的政策红利，但外源性的政策资金支持不是长久之计，外部融资的难度仍然较大。受企业规模、信用程度、创新能力等条件限制，大多数企业很难筹集到企业转型升级的必要资金，因此长期不能解决研发投资来源的问题，这已经成为制约企业实现技术变迁的瓶颈因素。

4.1.3　缺乏成熟的、可用于实践的理论指导

重污染企业转型升级是企业系统的整体升级，而技术变迁贯穿于企业开发、生产、营销、运营等流程中，从管理理论的角度分析，重污染制造企业技术变迁的问题主要是缺乏完善的理论体系和可用于实践参考的案例，主要变现是缺乏系统性的转型升级思维方式、缺乏具备行业特征的转型升级体系、缺乏转型升级理论的应用和优化。

重污染制造企业技术变迁过程中的要素复杂的非线性运动决定了基于任何一种单一理论的分析都不能深入了解它的本质和运行规律，只有基于系统观点的研究才能获得对转型升级实践提供参考；另外，不同的行业特征影响下的技术变迁路径的差异化明显，受到国内企业创新管理水平的影响，重污染企业普遍存在盲目借鉴非相关行业或其他国家技术变迁模式和实践经验的情况，这从很大程度上导致了战略转型升级的失败；最后，转型升级理论的实践性、可操作性有待提升。在技术变革的环境下，对技术变迁路径的详细解读和科学分析对重污染企业转型升级能力的提升具有重要的实践意义。

4.2　测量变量

通过选择样本数据，采用问卷调查法分析技术变迁影响重污染企业转型升级的关键因素。测量项是可以观察和描述重污染企业的技术变迁行为，用以反映被测量的潜在变量。为保证研究获取理想、足够的数据，除了借鉴国内外文献中一些成熟思路外，还通过对相关文献的梳理和分析，来设计调查问卷的测量指标和题项，具体操作程序按图 4.1 执行。

4.2.1　生产技术的测量

重污染制造企业的运营离不开生产技术的支撑，生产技术的转型升级包括技术吸收和积累、新技术和设备的引进、加大研发投入和装载计算机辅助制造等系统，这些是企业技术变迁的必要条件，具体题项见表 4.1。

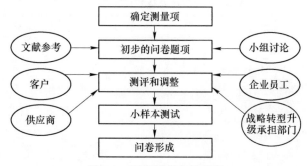

图 4.1 研究问卷实施程序

表 4.1 重污染企业生产技术变迁测量表和来源

指标	题 项	来 源
生产技术	Q1：技术吸收、积累能力	Bhatt 等（2005）；Ross 等（1996）；Bigliardi 等（2005）；王念新等（2010）；Chan（2002）；李继学等（2013）；杜建等（2008）；徐金发等（2009）
	Q2：新的技术生产或改善产品和服务	
	Q3：R&D 方面大量投资	
	Q4：CAM 数控工序	

技术吸收和积累能力不仅是企业技术变革的重要方式之一，还是技术能力不断更新、扩展、充实的重要方法，更是生产技术升级的重要环节。目前，大多数制造企业缺乏技术融合的流程，新旧技术转化过程中的障碍较大，这造成了技术获取和投入运营的时滞，影响技术更新时效性和提升产品和服务性能的效率；另外，R&D 投入不足一直是影响企业转型升级的重要因素，企业技术开发、引进都需要经费支持，它是企业创新活动和战略转型升级必备的物质基础，是影响企业技术变迁能力的重要因素之一；CAM 等类似的数控工序是重污染企业信息化变革的主要特征，它是生产力的技术保障，并影响着企业转型升级的效益。

4.2.2 生产流程的测量

生产力提升、消除浪费并降低总成本，是生产流程改善的主要目标。生产和工艺等方面的升级与当前竞争环境和市场需求相符合。自动化设备支持、ERP/MES、信息化外协监管、生产制造分析/PDM 的获得实际应用，并产生企业经济、社会效益的商业化过程是重污染企业转型升级的主要途径之一。新的生产技术的引入必然要求与之相适应的、配套的生产流程。生产流程的整合能够将新技术的效能最大限度地释放出来，最后转化为产品工艺设计、价值和性能提升的能力。要开发满足客户各种需求的产品和服务需要企业人员、价值链伙伴，甚至是客户的共同参与，这时贯穿于整个流程中的信息跟踪、监管能够促进技术的集成应用，更有效地提高效率。生产流程改善的测量题项见表 4.2。

表 4.2　企业生产流程变迁测量表和来源

指标	题　项	来　源
生产流程	Q5：自动化设备与支持 Q6：实现 ERP/MES Q7：信息化外协监管 Q8：生产制造分析或 PDM	王念新等（2010）；Pavlou（2005）；Crie Dominique（2006）；Venkatraman（1994）；Glazer（2001）

4.2.3　服务方式的测量

重污染制造业服务化升级是行业发展的主要方向，将互联网、云计算、大数据技术应用与产品设计、生产制造、运营和营销的全过程能够满足海量碎片式的消费者个性化需求。在 CRM 体系、网络营销平台和客户管理系统的支撑下，伴随物联网的发展，企业供应链重组和柔性制造成为可能。服务方式转变是一个动态的、连续的过程，这个过程中不但需要企业各部门人员的不断沟通和思想的碰撞，更需要和客户取得密切的联系。新型商业模式中，企业与客户是互惠共生的关系，实时掌握市场和客户反馈能够挖掘潜在市场需求[5]，研发新产品，提升客户满意度。通过信息传递、物质交流的合作模式，再依托技术力量和营销网络体系，能快速达到新产品的商业化运营，并转化为企业绩效。表 4.3 中是服务方式转变的测量题项。

表 4.3　企业服务方式变迁测量表和来源

指标	题　项	来　源
服务方式	Q9：CRM 体系 Q10：网络销售平台 Q11：客户信息收集与反馈系统 Q12：客户满意度的变化	Hayes 和 Finnegan（2005）；Wirtz（2010）；Camison 和 Lopez（2010）；Ordanini 等（2004）

4.2.4　组织结构的测量

组织结构的状态和性质承载和反映企业转型升级决策的结果，组织结构还具有外生性（Alvin Toffler，2006），信息革命为企业组织结构和管理理念都带来了冲击，组织结构还需适应企业战略的变化。传统的"金字塔"式的组织结构已经不能满足企业信息化发展的要求，这种组织形式降低信息传递的效率，妨碍信息的共享。柔性的、敏捷的知识管理型组织结构成为趋势，这种结构应有扁平化、弹性化的特点；要强调引导和启发式的学习，人是企业创新的主体，学习型组织和建设项目团队可以为企业人员营造一个积极、信任和充满合作、创新精神的环境，并培养领导层接纳的新观点与新事物，且愿意承担技术变迁的风险精神；如何将企业信息系统转变为规范化、专业化的企业管理体系，是组织结构横向变迁要解决的另一重要问题。企业信息化管理与组织不接轨是转型升级企业普遍存在的问题，通过在实施氛围、认知、技术和组织等方面的调整能够消除这种现象[6]，并提升企业资源的配置效率。组织结构变迁的测量题项见表4.4。

表4.4 企业组织结构变迁测量表和来源

指标	题 项	来 源
组织结构	Q13：扁平式结构	Kanter （2001）；Lawson （2001）；Glazer（2001）；刘海建（2009）；秦令华（2010）
	Q14：学习型组织	
	Q15：项目团队建设	
	Q16：规范化和专业化，资源配置效率	

4.2.5 人员构成的测量

人员是转型升级的主体，企业人员多能工和信息化能力直接影响企业转型升级的结果。因此企业应该完善员工学习和战略转型升级的管理体系，鼓励员工主动创新，积极学习新技能，增强员工的转型升级意识。根据 Lewin 和 Valerdi[7,8] 的改变管理理论，人作为习惯动物会出自本能的抗拒组织改变行为的发生。要避免或缓解人员的焦虑情绪，需要建立一种激励机制，激励的策略通常有产权激励、培训激励和发展激励等[9]。要提供转型升级参与者奖励与诱因，支持员工从事创新的工作，并提供足够的资源支持如专业技术、技术指导或工具；转型升级期人员投资的重点是要树立企业转型升级与人才培养的主体观念，要在促进企业逐年加大 R&D 投入、信息化生产投入、关键设备更新的同时，鼓励不断加大人员培训和成长费用的增加；变迁的方式有自下而上和自上而下两种，而中国大多数企业的转型升级都是选择后者。对企业领导者或高管团队与企业商务模式转型升级的关系，学者已经进行了大量的研究。Hambrick[10,11] 和 Tikkanen[12] 等人都认为商业模式转型升级与高层管理者行为密不可分的结果。领导者的类型决定企业转型升级的方向，他们的强信仰、勇气、认知对企业长期影响[12]。具有变迁意识和果断决策能力的领导通过团队中心或领导中心结构影响转型升级决策，使企业出现转型升级的行为。人员构成的测量题项见表4.5。

表4.5 企业人员构成变迁测量表和来源

指标	题 项	来 源
人员构成	Q17：信息化/多能工人才	Hambrick （1996）；Chi K . Y （2005）；贺小刚（2006）；王永贵（2003）；秦令华（2010）等
	Q18：技术变迁吸收和消化能力	
	Q19：转型升级的激励政策及相关人员投资	
	Q20：领导的变迁意识，决策果断	

4.2.6　管理体系的测量

作为企业转型升级的最后阶段，如何使新的管理体系具备可操作性并保证其有效的运行是主要内容。ISO9000-9004、ISO14000、ISO27000 等管理体系的建立与创新运用能够提升企业运用效率，为企业信息化平台落地奠定基础。企业借助 OA 系统可以创造一种无纸化的办公模式，随着 IT 技术的变化和发展，基于 Net+RDB、JAVA、Lotus Domino 三大主流技术的办公自动化在企业的应用也有了深度和广度的发展。企业系统的整体精益变革，即企业将精益管理理念应用于生产线、产品开发、企业管理等多个方面，再结合信息化技术固化整个企业系统，消除浪费并提升生产力的过程。技术的不断进步，客户需求日益个性化，重污染制造业的精益管理能帮助企业获得全新的竞争优势。业务流程重组是管理信息系统实现的前提条件，支撑企业实现结构合流程优化、生产力提升。BPR 和信息技术的结合能够达到技术功能和管理职能的集成，从而实现企业的转型升级目标。当前竞争环境下，企业借助战略转型升级能达到企业可持续的发展和新的利润增长目标，商业模式的创新是转型升级的最高目标。当然，建立信赖、合作、创新与支持的企业文化，通过各种机制与途径鼓励技术变革，是实现企业可持续发展的最终阶段。管理体系的测量题项见表 4.6。

表 4.6　企业管理体系变迁测量表和来源

指标	题　项	来　源
管理体系	Q21：ISO 9000-9004、ISO14000、ISO27000 等	Wirtz（2010）；王翔（2009）；Hartman（2000）；Constantine 等（2005）；Zott 等（2007，2008）；邱泽国（2013）；赵建申（2014）
	Q22：OA 系统	
	Q23：精益管理	
	Q24：BPR 思想	
	Q25：创新的商业模式	

4.2.7　战略转型升级的测量

重污染企业转型升级是企业系统的整体升级，其复杂性来源于企业内部各流程中环环相扣、相互影响的复杂行为变化。从第 3 章中提出的重污染企业转型升级的内容来看，重污染企业转型升级是企业状态和工作流程改变。重污染企业转型升级的目标有业绩增长、生产力提升、成本下降、核心技术和竞争力培养以及企业信息化升级等。战略转型升级实现的前提是贯穿于企业系统的技术变迁，从技术变迁的构成要素出发，将重污染企业转型升级分解为企业战略（文化与愿景）的转变、企业行为的转变、业务流程重组与转变、组织结构转变和企业人员转变共四个子维度。其中，企业战略（文化和愿景）、企业行为改变属于企业状态的转变，而业务流程、组织结构和企业人员改变是工作流程转型升级的主要维度。从相关文献研究中选取测量项构成战略转型升级的测量项集合，如表4.7所示。

表4.7 重污染企业转型升级测量表和来源

指标	题 项	来 源
战略转型	Q26：新的企业战略，企业文化和愿景	Wu 等（2003）；Wirtz 等（2010）；Pries 和 PaulGulid（2011）；Camison 和 Lopez（2010）；Linder 等（2002）
	Q27：信息化的企业运作为产品/服务提供支持	
	Q28：生产/服务过程的变化，价值链的升级	
	Q29：组织结构与转型升级后的企业系统相适应	
	Q30：人员结构的调整，符合企业的信息化要求	

4.3 研究设计与方法

4.3.1 抽样方案设计

问卷调查法也称问卷法，是定量研究中最常使用的方法。它是研究者依照标准化的程序，以严谨设计的问题，以现场分发、邮寄或网络的方式向研究对象收集资料、并进行统计分析，从而得出研究结论的研究方法[13]。本章研究目的是从技术变迁探讨与重污染企业转型升级之间的关系，调查的内容包括重污染企业转型升级、企业转型升级、组织变革、信息技术变革等。涉及的内容具有复杂性和专业性，因此选取的样本企业要充分具备转型升级特征，参与问卷的对象应承担重污染企业转型升级的部分工作并能够客观的对企业情况做出研判。因此，结合搜集的资料和企业发展规划院（http://www.chinacdp.com/）发布的转型升级经典案例，选取具转型升级代表性的重污染制造企业为研究样本，其主要特点是研发、生产、管理和服务的智能化水平、创新的生态环境、高知识密集、产品和技术生命周期不断缩短。调查对象以企业的中、高层领导及参与转型升级的骨干成员为主，力求能准确反映与调查问卷有关的企业信息。采用 SPSS21.0 作为主要的数据处理和分析的工具，采用层次回归分析模型进行假设验证。

4.3.2 调查问卷设计

调查问卷的内容共分为八个部分：（1）企业基本信息；（2）生产技术；（3）生产流程；（4）服务方式；（5）组织结构；（6）人员构成；（7）管理体系；（8）重污染企业转型升级。在大量搜集和整理相关文献的基础上，选择企业规模和企业成立时间为控制变量，借鉴权威期刊上的量表形成问卷的基本框架。2016 年 3 月至 2017 年 3 月对 3 位企业家进行几次深度访谈，结合专家建议及技术变迁热点话题进一步修改和内容调整。小样本测试及因子分析、信度分析保证获得的资料具有准确性和现实意义。研究采取多途径的问卷发放，共发放 230 份：给熟悉或经学校引荐的企业发送电子邮件进行问卷发放和回收，共发放问卷 100 份，剔除缺失或无效问卷后，有效问卷 46 份；向学校历届 MBA 班成员共发放 130 份，回收 128 份，有效 120 份。两种途径最终获得有效问卷 166 份，有效率达 72.17%。总体上研究样本具有较广泛地域和行业代表性，战略转型升级等特征也与研究要求相符，样本数量也达到要求，可以认为样本具有较好的代表性。

为了便于描述，本研究采用字母代表各题项中相关变量的名称。例如生产技术（MT）、生产流程（WF）、服务方式（SM）、组织结构（OS）、人员构成（SC）、管理体系（MS），重污染企业转型升级（ST）。重污染企业转型升级五个子维度分别表示为企业战略、文化与愿景（SCVT）、企业行为（EBT）、业务流程重组（BPR）、组织结构（EOST）和企业人员（EET）共五个子维度。采用 Likert 五级量表，其中"1"表示"反对"该说法，以此类推，"2"表示"不同意"，"3"表示"一般"，"4"表示"同意"，"5"表示"赞同"。

4.3.3　统计技术

描述性统计分析（descriptive analysis）一般作为数据分析的第一步，是对数据的预处理的过程。它能够初步了解数据特点，发现异常值和内在规律。本研究的描述性统计主要是对样本企业的基本资料如企业规模、成立时间、地域分布、被调查者信息等进行统计，说明各变量的方差、均值、百分比、频度等。

数据的信度（reliability）是指测量结果的稳定性和一致性，反应试验结果受到随机误差影响程度的大小。在对量表进行数据分析前，只有信度被接受时，量表的数据分析才是有效的。本次调查对变量所对应的测量项的内部一致性检验采用 Cronbach 的 a 系数即 a 系数来衡量。一般而言，系数越大代表数据的可靠性越高，Nunnally 认为，只有当 $a>0.7$ 时，则问卷具有较好的可靠性，适宜进行下一步的数据分析。

效度（validity）是为了测量数据的正确性，或问卷能够准确反映出测量内容的准确程度。一般来说，量表的效度分为表面效度、效标关联效度和内容效度及构念效度等。进行效度分析时，主要利用主成分分析法、因子分析法等来析出公因子，本书也采用这种方法精简问题项。因子分析时主要通过 KMO 指标、Bartlett 检验来验证数据的有效性。按照常规要求，只要显著性水平较高 $P<0.1$ 且 KMO>0.7，则表示数据的效度较好。

相关分析能够进一步了解数据间的联系，该方法主要是分析两个随机变量之间关系的密切程度，用来判断两个变量之间是否存在某种依存关系。相关分析中最常用的 r 指标计算系数有 Pearson 相关系数分析，本研究也采用 Pearson 相关分析来验证技术变迁的各环节与重污染企业转型升级间是否存在显著的相关性。

回归分析是确定两种或两种以上变数间相互依赖的定量关系的一种统计分析方法，它体现了变量间的一种主从关系。它注重一个随机变量对另一个或一组随机变量的依赖关系。本研究强制让所有变量进入回归方程[14]，使用多个自变量进行的多元回归分析对假设进行验证，并分析技术变迁各环节对战略转型升级的影响。

4.4 基础数据分析

4.4.1 样本基本特征描述

问卷以重污染制造业企业为目标对象，调查技术变迁对企业战略转型升级的影响因素。样本特征主要从地域分布、所属行业、企业成立年限、企业规模方面说明。为保证调查结果数据准确和有效，问卷要求受访者主要来源于企业中高层或转型升级项目负责的人员，且年龄 30 岁以上。最后的调查结果符合问卷要求。

4.4.2 样本分布检验

样本数据的分布特征是研究方法选择的依据。本书使用描述性统计的探索工具，用非参数估计的 Kolmogorov-Smirnov 检验来分析样本数据的分布特征，判断样本的观察结果是否来自制定分布的总体。一般地，显著度大于 0.05 可以判断数据服从正态分布，具体分析见表 4.8。

表 4.8 数据分布状态探索性检验

指标	K-S			S-W		
	统计量	自由度	显著性	统计量	自由度	显著性
Q1	0.285	166	0.000	0.841	166	0.000
Q2	0.272	166	0.000	0.843	166	0.000
Q3	0.270	166	0.000	0.861	166	0.000
Q4	0.299	166	0.000	0.830	166	0.000
Q5	0.273	166	0.000	0.865	166	0.000
Q6	0.251	166	0.000	0.854	166	0.000
Q7	0.253	166	0.000	0.849	166	0.000
Q8	0.251	166	0.000	0.865	166	0.000
Q9	0.387	166	0.000	0.704	166	0.000

指标	K-S			S-W		
	统计量	自由度	显著性	统计量	自由度	显著性
Q10	0.338	166	0.000	0.797	166	0.000
Q11	0.333	166	0.000	0.761	166	0.000
Q12	0.306	166	0.000	0.776	166	0.000
Q13	0.364	166	0.000	0.751	166	0.000
Q14	0.325	166	0.000	0.762	166	0.000
Q15	0.323	166	0.000	0.787	166	0.000
Q16	0.252	166	0.000	0.818	166	0.000
Q17	0.321	166	0.000	0.790	166	0.000
Q18	0.274	166	0.000	0.815	166	0.000
Q19	0.311	166	0.000	0.814	166	0.000
Q20	0.331	166	0.000	0.726	166	0.000
Q21	0.309	166	0.000	0.792	166	0.000
Q22	0.260	166	0.000	0.825	166	0.000
Q23	0.283	166	0.000	0.810	166	0.000
Q24	0.318	166	0.000	0.797	166	0.000
Q25	0.258	166	0.000	0.836	166	0.000
Q26	0.266	166	0.000	0.822	166	0.000
Q27	0.228	166	0.000	0.827	166	0.000
Q28	0.271	166	0.000	0.815	166	0.000
Q29	0.230	166	0.000	0.822	166	0.000
Q30	0.244	166	0.000	0.840	166	0.000

表4.8中样本统计量在0.2左右，在0.001水平上显著。但是为避免实际情况分布相反的情况，本书继续对样本的偏度和峰度进行统计，全面评价样本的分布特征。样本的偏度与峰度值见表4.9。

表4.9　样本偏度与峰度分布

指标	均值	标准差	偏　度		峰　度	
	统计量	统计量	统计量	标准误	统计量	标准误
Q1	3.90	0.772	−0.391	0.188	−0.105	0.375
Q2	3.85	0.752	−0.178	0.188	−0.362	0.375
Q3	3.76	0.840	−0.327	0.188	−0.395	0.375

指标	均值	标准差	偏 度		峰 度	
	统计量	统计量	统计量	标准误	统计量	标准误
Q4	3.86	0.721	−0.276	0.188	−0.042	0.375
Q5	3.72	0.892	−0.317	0.188	0.436	0.375
Q6	3.38	0.798	−0.142	0.188	−0.568	0.375
Q7	3.44	0.766	−0.204	0.188	0.456	0.375
Q8	3.40	0.881	−0.133	0.188	−0.782	0.375
Q9	3.94	0.547	−0.488	0.188	1.838	0.375
Q10	3.79	0.686	−0.115	0.188	1.395	0.375
Q11	4.11	0.617	−0.387	0.188	0.882	0.375
Q12	4.22	0.636	−0.369	0.188	0.035	0.375
Q13	3.90	0.589	−0.337	0.188	0.847	0.375
Q14	3.98	0.598	0.006	0.188	−0.155	0.375
Q15	3.93	0.628	−0.094	0.188	−0.036	0.375
Q16	4.08	0.717	−0.226	0.188	−0.702	0.375
Q17	4.03	0.726	−0.421	0.188	0.936	0.375
Q18	4.05	0.893	−0.018	0.188	0.071	0.375
Q19	3.97	0.742	−0.082	0.188	0.466	0.375
Q20	4.45	0.692	−0.192	0.188	1.385	0.375
Q21	4.04	0.650	−0.303	0.188	0.297	0.375
Q22	3.80	0.715	0.112	0.188	−0.655	0.375
Q23	3.86	0.704	−0.221	0.188	0.538	0.375
Q24	3.71	0.643	−0.067	0.188	−0.131	0.375
Q25	3.52	0.720	0.035	0.188	−0.242	0.375
Q26	4.09	0.761	−0.471	0.188	0.071	0.375
Q27	4.11	0.846	−0.435	0.188	−0.320	0.375
Q28	4.07	0.806	−0.406	0.188	1.521	0.375
Q29	4.12	0.785	−0.368	0.188	−0.849	0.375
Q30	4.01	0.782	−0.318	0.188	−0.546	0.375

表4.9中,样本均值处于3.7左右,偏度值基本为负且介于−0.5~0之间,表示可以接受且基本具有正态分布的特征。大部分数据的峰度值接近于3(标准为<8,远远满足正态分布的要求)。综合上述分析结果可以判断,问卷数据基本吻合正态分布的特征,可以使用用于正态分布的各种统计方法,能够进行下一步分析。

4.5　信度与效度分析

4.5.1　信度分析

为检测数据来源的稳定性和可靠性，对样本信度进行测量。Cronbach 的 α 系数的操作简单、可靠性强，本书也主要利用该指标全面检验样本的可信度。在验证过程中还同时考虑了数据的 CITC（corrected item-total correlation）值和系数，用于进一步净化测量指标，其标准为大于 0.35。表 4.10 是样本数据的整体 Cronbach 的 α 系数检验结果。

表 4.10　调查样本数据的总体可靠性分析

Cronbach 的 α 系数	基于标准化项的 Cronbach 的 α 系数	项目数
0.892	0.895	30

由表 4.10 可知，Cronbach 的 α 系数为 0.895，远大于 0.7 的标准，说明样本整体可靠性较高。为确样本中各部分数据都具有较好的信度，要进一步分析数据稳定性，下面继续对各指标的测量项进行信度分析，具体测量的结果见表 4.11。

表 4.11　信度分析

指　标	题　项	CITC 初始值	该项目删除后的 Cronbach 的 α 系数
生产技术	Q1	0.478	0.888
	Q2	0.564	0.886
	Q3	0.612	0.885
	Q4	0.589	0.886
生产流程	Q5	0.343	0.891
	Q6	0.370	0.890
	Q7	0.345	0.900
	Q8	0.391	0.890
服务方式	Q9	0.485	0.888
	Q10	0.487	0.888
	Q11	0.550	0.887
	Q12	0.536	0.887
组织结构	Q13	0.357	0.890
	Q14	0.366	0.892
	Q15	0.495	0.888
	Q16	0.475	0.888

指 标	题 项	CITC 初始值	该项目删除后的 Cronbach 的 α 系数
人员构成	Q17	0.440	0.889
	Q18	0.364	0.891
	Q19	0.408	0.889
	Q20	0.444	0.889
管理体系	Q21	0.456	0.888
	Q22	0.366	0.890
	Q23	0.524	0.887
	Q24	0.527	0.887
	Q25	0.548	0.887
战略转型升级	Q26	0.528	0.887
	Q27	0.528	0.887
	Q28	0.546	0.886
	Q29	0.422	0.889
	Q30	0.381	0.890

表4.11中的数据显示，技术变迁中生产技术（MT）、生产流程（WF）、服务方式（SM）、组织结构（OS）、人员构成（SC）、管理体系（MS）五个维度及战略转型升级（ST）的所有问题项 CITC 值都大于0.35，说明问卷设计的内容较为合理，问题与各指标的相关程度高。另外，最终的 α 系数都大于0.8，表示数据的稳定性较好。

4.5.2 效度分析

数据的效度是检验样本数据有效程度的指标，在进行效度分析时，常用的方式是利用主成分分析法、因子分析法来析出公因子，达到降维的效果。本书使用这种方法对问题项进行精简，形成公因子。其中，KMO 指标和 Bartlett 检验可以测试数据的有效性。一般地，只要数据显著性较高，且 KMO>0.7，则说明数据的效度较好。首先对数据执行总体的 KMO 检验和 Bartlett 检验，其结果见表4.12。

表4.12　问卷的 KMO 检验和 Barlett 检验

Kaiser-Meyer-Olkin 检验		0.838
巴特利特的球形检验	近似卡方值	1875.741
	df	300
	Sig.	0.000

根据表4.12可知，问卷中各样本的 KMO 值为0.838，显著度为0.000，说

明样本结构较好，可以执行因子分析。通过对 30 项问题的检测，运用最大方差法对数据进行旋转迭代，选取特征值大于 1 的因子，以 0.6 作为判断因子载荷的标准。技术变迁分析结果见表 4.13，战略转型升级的分析结果见表 4.14。

表 4.13　技术变迁的总方差解释

提取成分	样本初始特征值			提取平方和载入			旋转平方和载入		
	合计	方差的分数/%	累积分数/%	合计	方差的分数/%	累积分数/%	合计	方差的分数/%	累积分数/%
1	6.312	28.689	28.689	6.312	28.689	28.689	4.029	18.316	18.316
2	3.490	13.958	40.344	3.490	13.958	40.344	2.913	11.654	24.886
3	3.097	14.079	42.768	3.097	14.079	42.768	2.840	12.910	31.226
4	1.950	8.862	51.630	1.950	8.862	51.630	2.832	12.873	44.099
5	1.660	7.545	59.175	1.660	7.545	59.175	2.329	10.585	54.684
6	1.252	5.690	64.864	1.252	5.690	64.864	2.240	10.181	64.864

表 4.14　战略转型升级的总方差解释

提取成分	样本初始特征值			提取平方和载入		
	合计	方差的分数/%	累积分数/%	合计	方差的分数/%	累积分数/%
1	1.733	64.670	64.670	1.733	64.670	64.670

表 4.14 中技术变迁析出了 6 个因子，能够解释总方差的 64.864%。表 4.14 战略转型升级析出 1 个因子，能够解释总方差的 64.670%。表 4.15 是技术变迁因子分析的结果，表 4.16 是战略转型升级因子分析的结果。

表 4.15　技术变迁各维度因子分析（旋转成分矩阵）

维度	题项	成　分					
		1	2	3	4	5	6
MT	Q1				0.786		
	Q2				0.812		
	Q3				0.822		
	Q4				0.664		
WF	Q5	0.802					
	Q6	0.918					
	Q8	0.833					
SM	Q9					0.766	
	Q10					0.918	
	Q11					0.642	
	Q12					0.638	

续表4.15

维度	题项	成 分					
		1	2	3	4	5	6
OS	Q13		0.803				
	Q15		0.751				
	Q16		0.718				
SC	Q17			0.807			
	Q18			0.739			
	Q19			0.822			
	Q20			0.823			
MS	Q21						0.693
	Q23						0.868
	Q24						0.832
	Q25						0.647

注：1. 提取方法：主成分。

2. 旋转法：具有 Kaiser 标准化的正交旋转法，旋转在 9 次迭代后收敛。

表 4.16 战略转型升级因子分析（成分矩阵）

题 项	成分
	1
Q26	0.699
Q27	0.565
Q28	0.631
Q29	0.535
Q30	0.593

注：1. 提取方法：主成分。

2. 旋转法：具有 Kaiser 标准化的正交旋转法，旋转在 3 次迭代后收敛。

表 4.15 中，Q7、Q14、Q22 因子载荷的最大值小于 0.6，因此将这三项删除。表 4.16 中只析出一个因子且因子载荷都大于 0.6，因此保留所有题项。再次执行 KMO 检验和 Bartlett 检验，KMO 值提高，在 0.01 水平上显著（表 4.17）。6 个公因子对变量的总解释得到了优化（69.083%）。调整后公因子的解释方差结果见表 4.18。

表 4.17 调整后的 KMO 和 Barlett 结果

Kaiser-Meyer-Olkin 检验		0.845
巴特利特的球形检验	近似卡方值	1634.912
	df	231
	Sig.	0.000

表 4. 18　调整后的技术变迁因子分析结果

提取成分	样本初始特征值			提取平方和载入			旋转平方和载入		
	合计	方差的分数/%	累积分数/%	合计	方差的分数/%	累积分数/%	合计	方差的分数/%	累积分数/%
1	3.490	13.958	40.344	3.490	13.958	40.344	2.913	11.654	24.886
2	2.044	8.177	48.521	2.044	8.177	48.521	2.826	11.302	36.189
3	1.697	6.786	55.308	1.697	6.786	55.308	2.560	10.241	46.430
4	1.352	5.407	60.715	1.352	5.407	60.715	2.311	9.245	55.676
5	1.091	4.363	65.078	1.091	4.363	65.078	2.231	8.924	64.599
6	1.001	4.005	69.083	1.001	4.005	69.083	1.121	4.484	69.083

根据以上降维处理，问卷删除了 Q7、Q14、Q22 共三个题项。Q1 ~ Q4 构成了 MT 的外生变量，Q5、Q6、Q8 构成了 WF 的外生变量，Q9 ~ Q12 构成了 SM 的外生变量，Q13、Q15、Q16 是 OS 的外生变量，Q17 ~ Q20 是 SC 的外生变量，Q21、Q23、Q24、Q25 是 MS 的外生变量，而 Q26 ~ Q30 则是 ST 的外生变量。

4.6　相关分析

为进一步判定变量是否适合进行回归分析，本书通过相关分析来判定变量之间是否存在相关关系、是否存在共线性。根据表 4.18 所示的数据，战略转型升级（ST）与制造技术（MT）、生产流程（WF）、服务方式（SM）、组织结构（OS）、人员构成（SC）、管理体系（MS）之间存在显著相关关系（0.05 或 0.01 的显著水平），见表 4.19。

表 4. 19　各变量的相关性分析

	ST	MT	WF	SM	OS	SC	MS
ST	1						
MT	0.805①	1					
WF	0.394①	0.128②	1				
SM	0.614①	0.165②	0.172②	1			
OS	0.556①	0.119②	0.088	0.179②	1		
SC	0.461①	0.087	0.026	0.174②	0.116②	1	
MS	0.587①	0.110②	0.164②	0.168②	0.164②	0.190②	1

①在 0.01 水平（双侧）上显著相关。
②在 0.05 水平（双侧）上显著相关。

由表 4.19 可知，技术变迁各维度与战略转型升级间有显著的相关性，具备进一步回归的条件。技术变迁中有部分维度间在 0.05 水平上显著相关，但它们之间的相关系数的最大值为 0.190，说明两两之间存在共线性问题可能性较小，但仍需要进一步分析，这种相关性是否对回归分析造成影响。

4.7 回归分析

本书使用 SPSS21.0 软件，采用强迫引入法进行回归分析。根据回归分析的结果对提出的假设进行验证，并分析其中的原因。回归分析的思路如图 4.2 和图 4.3 所示。

图 4.2 技术变迁与战略转型升级一元线性回归思路

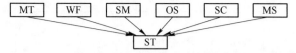

图 4.3 技术变迁与战略转型升级一元回归分析思路

4.7.1 变量间多重共线性分析

本书采用多变量的多元回归分析，使用该分析方法的基础是首先进行多重共线性分析，其中 Variance Inflation Factor（VIF，方差膨胀因子）是判断的重要依据。VIF 是指变量之间存在多重共线性时的方差与不存在多重共线性时的方差之比。VIF 越大，表示共线性越严重，按照一般的经验，当 $0 < VIF < 10$，不存在多重共线性；当 $10 \leqslant VIF < 100$，存在较强的多重共线性；当 $VIF \geqslant 100$，存在严重的多重共线性[15]。按照统计结果，表 4.20 中，各变量对应的 VIF 值最大为 2.154，远小于标准，说明变量间不存在多重共线性。

表 4.20 技术变迁对企业战略转型升级的作用分析（因变量：T）

模型	非标准化系数		标准系数	t	Sig.	共线性统计量	
	B	标准误差	试用版			容差	VIF
（常量）	0.065	0.161		0.401	0.689		
MT	0.392	0.030	0.525	12.880	0.000	0.619	1.615
WF	0.074	0.024	0.114	3.116	0.002	0.762	1.312
SM	0.173	0.043	0.181	4.013	0.000	0.507	1.974
OS	0.130	0.033	0.152	3.989	0.000	0.704	1.42
SC	0.088	0.026	0.119	3.327	0.001	0.807	1.239
MS	0.179	0.042	0.203	4.305	0.000	0.464	2.154

4.7.2 模型的指标分析

按照图4.3进行回归分析。其中，企业战略转型升级（ST）为因变量，使技术变迁（TC）的六个子维度：制造技术（MT）、生产流程（WF）、服务方式（SM）、组织结构（OS）、人员构成（SC）、管理体系（MS）的整体为自变量，取六个维度相加的平均值为回归分析的数据。

由表4.21可知，技术变迁的标准化系数为0.877（$P<0.01$），通过显著性检验。由调整判定系数0.767可知，技术变迁能够解释战略转型76.7%的变化，可以推断技术变迁（TC）与企业战略转型升级（ST）存在显著的影响关系。

表4.21 技术变迁对企业战略转型的作用分析

模　型		因变量（ST）						
		非标准化系数		标准系数	t	Sig.	R^2	调整 R^2
		B	标准误差					
1	（常量）	−0.105	0.180	0.877	5.520	0.000	0.768	0.767
	TC	0.900	0.039		21.580	0.000		

根据图4.4进行一元线性回归分析，以企业战略转型升级为因变量，技术变迁六个维度分别为自变量，使用强迫进入法以 Model 1~6 代表六个子维度的回归分析，结果如表4.22所示。

表4.22 技术变迁和战略转型升级的回归模型

模　型		因变量（ST）						
		非标准化系数		标准系数	t	Sig.	R^2	调整 R^2
		B	标准误差					
1	（常量）	1.768	0.135	0.805	13.110	0.000	0.648	0.645
	MT	0.601	0.035		17.357	0.000		
2	（常量）	3.191	0.165	0.394	19.311	0.000	0.155	0.150
	WF	0.254	0.046		5.490	0.000		
3	（常量）	1.726	0.238	0.614	7.247	0.000	0.377	0.373
	SM	0.586	0.059		9.954	0.000		
4	（常量）	2.192	0.223	0.556	9.851	0.000	0.309	0.305
	OS	0.475	0.056		8.562	0.000		
5	（常量）	2.668	0.214	0.461	12.444	0.000	0.213	0.208
	SC	0.342	0.051		6.657	0.000		
6	（常量）	2.122	0.213	0.587	9.965	0.000	0.344	0.340
	MS	0.518	0.056		9.278	0.000		

表4.22中，MT、WF、SM、OS、SC和MS的标准化系数分别为0.805、0.394、0.614、0.556、0.461和0.587。所有系数均为正，且达到0.01的显著水平。由Model 1~6的调整R^2系数可知，技术变迁六个维度分别能够承担企业战略转型升级（ST）64.5%、15.0%、37.3%、30.5%、20.8%、34.0%的变化。由此可推断，制造技术、生产流程、服务方式、组织结构、人员构成和管理体系与企业战略转型升级有显著的正向影响关系，假设H1、H2、H3、H4、H5和H6均获得支持。

4.8 研究结论与分析

表4.23给出了本章研究假设实证结果汇总。

表4.23 本章研究假设实证结果汇总

假设编号	假　　设	是否获得支持
H1	制造技术的变迁对企业战略转型升级有正向作用	支持
H2	生产流程技术变迁对企业战略转型升级有正向作用	支持
H3	服务方式技术变迁对企业战略转型升级有正向作用	支持
H4	组织结构技术变迁对企业战略转型升级有正向作用	支持
H5	人员构成技术变迁对企业战略转型升级有正向作用	支持
H6	管理体系技术变迁对企业战略转型升级有正向作用	支持

（1）生产技术变迁对重污染企业战略转型升级的影响（H1）。生产技术的变迁对战略转型升级有非常显著正向作用（$\beta = 0.805$，$P < 0.01$），该假设得到了验证。这表示当重污染企业生产技术具备信息化的特点，且拥有自主技术升级能力和R&D能力时，越有利于重污染企业战略转型升级的实施。该结论与众多学者提出的，技术变革是企业获得新型竞争优势的主要驱动力的观点相吻合（Morrison等，2008；Teece等，2007；Kim Y等，2002；Nashedd等，2008）。对重污染企业来说，生产技术是企业产品（服务）设计、生产、销售及市场化等一系列业务的基础，它对战略转型升级、商业模式创新发挥着相当重要的作用。从这个角度来看，重污染企业的转型升级始于生产技术升级的构想，无论是产品或工艺的创新和发展，都是源于重污染企业生产技术的升级。

（2）生产流程变迁对重污染企业战略转型升级的影响（H2）。生产流程升级对重污染企业战略转型升级有正向作用，该假设得到了验证。生产流程改善的主要方法是流程信息化和工业化的高度融合。对业务流程重组（BPR）而言，IT手段应用不仅能够精准识别客户需求和提供个性化产品（服务），更对企业系统的整体升级具有战略性的作用（Venkatraman，1994）。然而，由于该假设的标准系数仅为0.394，说明生产流程改善对战略转型升级的意义并没有得到充分肯定。"高投入、低效率"是重污染企业普遍存在的问题，智能化水平低、资源浪费严重等问题还需要进一步解决。

（3）服务方式变迁对重污染企业战略转型升级的影响（H3）。本书假设服务方式的技术变迁对重污染企业战略转型升级有正向影响，该假设也得到了验证。结果显示，服务化升级是重污染企业转型升级的非常重要方向（$\beta = 0.614$，$P < 0.01$），市场的需求导向的环境下，服务要素是不可或缺的竞争要素。重污染企业信息化发展使系统内部生产、传递、处理信息的速度飞速增长，贯穿于研发、生产、销售、售后等环节的信息和信息反馈对服务方式提出了新的要求。电子商务不仅仅是一种新的运营模式，更是重污染企业加强客户信息搜集和反馈，精准服务并提升客户满意度的重要方法。

（4）组织结构和人员构成变迁对重污染企业战略转型升级的影响（H4、H5）。组织结构、人员构成的变迁对重污染企业战略转型升级的正向影响得到了验证（$\beta = 0.556$、$P < 0.01$，$\beta = 0.461$、$P < 0.01$）。企业信息系统的上线使各职能部门和员工更为紧密地连接起来，组织结构扁平化、网络化发展使信息传递效率大幅提升，重污染企业也能够及时和准确地收集竞争对手和客户的信息。借助企业信息系统，员工可以通过有效的组织机制共享信息，并快速建立虚拟团队协同运作，共同解决问题。当然，组织结构的柔性化、敏捷化是以员工的变迁意识和创新能力为基础的。这需要企业完善员工培训和学习体系，建立创新管理的激励机制，鼓励员工主动学习，勇于改变，不断增强员工的转型升级意识。企业领导者和高管团队特征对企业战略转型升级具有影响，这些人的受教育程度、职能背景、性格特征对转型升级方案的选择起着关键的作用（Lindgardt 等，2009；McGrath，2010；Demil 等，2010；Sosna 等，2010）。从以往的研究来看，具有转型升级和创新意识并且决策果断的领导人，更有利于转型升级战略的实施。

（5）管理体系变迁对企业战略转型升级的影响（H6）。管理体系中的技术变迁对重污染企业战略转型升级有显著的正向作用（$\beta = 0.587$，$P < 0.01$），H6 得到了验证。重污染企业战略转型升级是企业目标和工作流程的彻底转变，实现了管理体系的整体升级才能保障重污染企业转型升级的有效性和经济效益。管理体系变迁不仅涉及企业质量管理体系、精益管理、信息化管理等，更延伸至企业商业模式的创新。重污染企业的成长依赖于商业模式的演化（Zott 等，2008），技术变迁是最重要的路径之一。

4.9　本章小结

根据前一章提出的基于技术变迁路径的重污染企业转型升级理论模型，本章采用调查问卷法来进行战略转型升级关键影响因素的实证研究。首先介绍了本研究问卷设计的过程和数据收集的步骤，问卷测量项来源于文献中成熟量表或相关描述以及访谈的内容。对于收集的样本数据分别进行描述性统计、信效度分析和相关分析，并引入回归模型对基于技术变迁的重污染企业转型升级理论模型中的研究假设进行了全面了验证。根据回归分析的结果，对技术变迁各环节对重污染企业转型升级和战略转型升级各子维度的影响进行讨论和分析。

以上的实证研究虽然确定了技术变迁各环节对战略转型升级的积极影响，但仍然不能确定重污染企业技术变迁是否能够为企业带来绩效。从现实情况来看，多数重污染企业转型升级成果不尽人意，尤其是现阶段的经济转化能力较弱。另外，目前针对技术变迁和转型升级绩效的研究还比较缺乏，尚未得出科学的、可供参考的结论。鉴于此，本书在下一章中进一步研究技术变迁和企业转型升级绩效的关系。

参 考 文 献

[1] 田宇，马钦海. 电信业技术变迁的演化博弈分析 [J]. 技术经济，2010，29（2）：34～38.

[2] 周剑，陈杰. 制造业企业两化融合评估指标体系构建 [J]. 北京：计算机集成制造系统，2013（9）：2251～2263.

[3] 中国的选择：抓住5万亿美元的生产力机遇 [EB/OL]. 麦肯锡全球研究院分析，[2016-07-05]. http：//www. mckinsey. com. cn/.

[4] 中国科技发展战略研究小组. 中国区域创新能力报告2008 [J]. 中国科技论坛，2010，（2）：160.

[5] 曾鸣，宋斐. C2B互联网时代的新商业模式 [J]. 商业评论，2016（3）：72～85.

[6] 毛基业，王伟. 管理信息系统与企业的不接轨以及调试过程研究 [J]. 管理世界，2012，（8）：154～160.

[7] Kurt Lewin. Group Decision and Social Change [M]. New York：Holt，Rinehart and Winston，1958：201.

[8] Valerdi R，Rouse W B. When systems thinking is not a natural act [J]. In 5th IEEE Systems Conference，San Diego，CA，2010（4）：5～8.

[9] 王玉梅. 中国企业转型升级的知识创新与产业技术创新战略联盟研究 [M]. 北京：科学出版社，2016.

[10] Hambrick D C，Mason P A. Upper echelons：the organization as a reflection of its top managers [J]. Academy of Managemnet Review，1984，9（2）：193～206.

[11] Hambrick D C，Cho T C，et al. The influence of top management team heterogeneity on firms'competitive moves [J]. Administrative Science Quarterly，1996，41（4）：659～684.

[12] Tikkanen H，Lamberg J A，et al. Managerial cognition，action and the business model of firm [J]. Management Decision，2005，43（6）：789～809.

[13] John A R. 数理统计与数据分析 [M]. 北京：机械工业出版社，2011.

[14] Jones G K，Lanctot A，Teegen H J. Determinants and performance impacts of external technology acquisition [J]. Journal of Business Venturing，2001，3：255～283.

[15] 胡春亚. 基于方差膨胀因子的衰老矿井通风系统优化指标体系的研究与应用 [D]. 中国矿业大学，2016.

5 重污染企业技术变迁式转型升级的运作机理揭示

国内外学者对转型中的技术变迁研究集中在技术吸收与积累、技术创新、流程整合、创新产出等方面，也有利用生物进化的演化方法对变迁过程进行分析的文献[1~25]；现文献对技术变迁的研究以定性描述和单个案例分析为主，缺乏深入的定量分析[26]；路径研究对战略转型升级过程机制和路径机理的文献杂而不精，总体研究层次不深，主要停留在理论层面；案例研究概括了一些典型行业企业的转型升级表现，但没有对转型升级路径进行分解和评价，始终没有使用科学方法对路径机理进行深入刻画和模拟。

前文实现了对重污染企业转型升级的指标体系，基于 BTMC 模式的过程构建了两阶段模糊 DEA 效率评价模型。以上研究完成了战略转型升级研究的分析和评价的内容，但对技术变迁机理的刻画还不够具体和深入。本章要继续完成研究"解决问题"的部分，即通过对技术变迁模拟，揭示了重污染企业战略转型升级的内在规律，进一步提出路径提升的策略和建议，为解决企业战略转型升级的现实问题提供参考。

综上所述，本研究报告认为技术变迁过程的模拟对转型升级实践具有重要意义。由于技术变迁的运行机理具有复杂性、多维性和协同性，因此，以上文对技术变迁内涵和机理的分析为支撑，通过系统动力学模拟其运行过程，并结合实证结果提出路径优化策略，为企业战略转型升级实践和提升技术变迁模式、实现重污染企业可持续的创新发展提供一种全新的思路。

5.1 企业转型升级的技术变迁过程分析

5.1.1 基于 BMTC 模式的技术变迁要点分析

上章将重污染企业转型升级中的技术变迁分解为两个部分：业务技术（business technology change）和管理技术（management technology change）。对于重污染企业而言，战略转型升级的技术变迁内涵由生产技术、生产流程、服务方式、组织结构、人员构成和管理体系共六个子维度构成，具体内容参考图 3.7。

根据上章对技术变迁机理的分析和对重污染企业案例的调查，对技术变迁六个子维度中的要点进行分析，为定位路径的影响因素提供参考。

5.1.1.1　业务技术（B）

（1）生产技术。生产技术变迁的主要表现是企业技术吸收、创造能力强，研发团队具有较丰富的研发经验和技术积累，技术更新的获利能力强。另外，衡量企业生产技术变迁是否具有优势在于，企业获取和配置资源的能力较强，持续有效的 R&D 投入是企业获得强大科研力量，开发专利技术，掌握行业前沿技术和设备的保障。

（2）生产流程。生产流程的技术变迁是利用信息技术深度植入简化传统流程，用智能化生产（服务）促使企业能力提升。生产流程是技术变迁物化成果转化的重要阶段，它使企业技术、科研成果和市场经济接轨。在生产价值链中，自动化设备和企业信息系统的投入使用能够引导和推动技术变迁从基础研究—应用研究—成果转化—营销阶段。因此，该子维度中的重点内容是自动化等先进设备、企业信息系统和信息技术转化是否存在障碍。

（3）服务方式。参考上一章中的战略转型升级过程的两阶段划分可知，产品的服务化升级是重污染企业战略转型升级的重要内容。新环境下的客户需求更趋于多样化、智能化和个性化，技术变迁使企业和客户间具有了互惠共生的关系。如何与客户建立持久的联系，与客户密切沟通，及时获得客户对产品和服务的反馈信息，并根据反馈对产品项目进行调整，是服务方式的技术变迁主要考虑的问题。因此，考察服务方式中技术变迁的运行主要从企业构建的销售信息系统、CRM 体系和客户满意度改善入手。

5.1.1.2　管理技术（M）

（1）组织结构。随着技术变迁的不断推进，企业资质结构向扁平化、虚拟化和网络化转化。因此，组织结构中技术变迁要体现组织结构发展趋势，还要顾及对企业人力资源配置和控制的能力。要体现企业组织结构对企业战略、企业人员和财务运营管理的功能，还要考察是否能够根据企业订单、合同而形成的项目团队。

（2）人员构成。企业人员的素质能力要与战略转型升级的要求相适应。技术变迁实施过程中的一些关键因素必须由人员做出独立判断和有效的实施。技术变迁需要大量信息化和多能工人才，无论是对企业现任员工还是引进人才，都要从提高企业整体技术水平的原则出发进行培训。当然，还要对企业人员，尤其是战略转型升级的关键人物实施激励。这不但有利于克服组织惰性，更对于战略转型升级的真正贯彻具有重要的意义。

（3）企业管理体系。企业管理体系实际上是对前文所述的各子维度中技术变迁成果的汇总。完善管理体系的可操作性，确保企业与新的管理机制有效落实，最终实现企业管理理念、服务理念乃至企业文化的发展，是战略转型升级过程的最终阶段和目的。

5.1.2 基于 BMTC 模式的技术变迁运行分析

重污染企业转型升级是价值链的整体变革，BMTC 模式中两个层面下属的各单元的转型升级活动是并行开展的。借鉴相关文献[27～40] 发现，实际过程中技术变迁路线具有分阶段和分层次的特点。各阶段由不同的职能部门承担，图 5.1 是 BMTC 模式中技术变迁的具体运行模式。

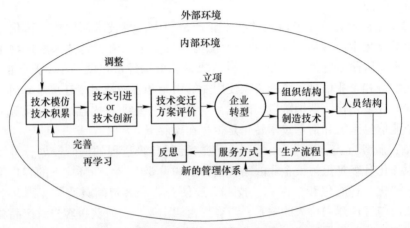

图 5.1　BMTC 模式中技术变迁的运行过程

技术变迁是技术模仿和技术积累的共同作用结果，无论企业选择直接引进外来技术或自主创新，提出具体的变迁方案是实施转型的前提。变迁思维的确立来源于按照时间序列进行的技术模仿、累积和技术引进或创新[38]，该过程中存在的多重循环和反馈使各活动交叉进行，最终促成了企业的技术变迁方案。方案立项前的所有活动都是准备阶段的工作，实现转型升级前企业各部门将权衡该方案的费用、潜在效益与风险，修订正式的实施方案。

战略转型升级开始后，首先承担变迁任务的是生产技术和组织结构环节。生产流程整合依赖上阶段技术变迁的成果，而人员结构调整是贯穿以上三个环节配合运行的。当生产流程自动化及综合集成进入运营阶段后，企业即将完成向服务型转型的目标。企业新的服务方式是生产部门的决策支撑，也是企业获取新型竞争力的根本来源。新的管理体系产生后转型升级规划将进入再学习、再调整的循环，在企业内外部环境共同作用下，企业理念和文化也将实现变革，企业继续价值链的整体升级。

5.2　基于 BMTC 模式的技术变迁模拟模型

5.2.1 基于 BMTC 模式的系统动力学模型构建步骤

系统动力学（SD，system dynamics）是由美国麻省理工学院（MIT）

Forrester 教授提出的一种计算机仿真技术。它是研究如何协调管理系统中相互关联的多个因素或者子系统的影响，从而实现目标的综合性方法[39]。运用系统分析和综合推理构建的结构——功能模拟模型，为分析和处理企业复杂系统提供了有效方法。系统动力学的建模过程一般包括：（1）确定分析目的；（2）确定系统边界；（3）建立因果图和流图；（4）建立系统动力学方程；（5）仿真实验等。绘制 SD 流图是模拟过程中的重点，图中主要包含水平变量、速率变量、辅助变量和常量。

Vensim 是一个基于视窗界面的 SD 建模工具，它可以提供两类分析工具：结构分析工具和数据集分析工具。通过使用 Vensim 能够生成完整的模拟模型，并且还能对模拟系统的行为机制进行深入的分析研究。

复杂系统往往涉及众多方面和环节，要全面、真实地描述系统运行就必须首先描述各子系统间的因果关系[40]。系统动力学方法缺少能够分析系统因素间因果关系的方法，因此采取 SD 模拟时应首先对子系统和所有影响因素的因果关系进行分析。战略转型升级是企业系统的整体转变过程，BMTC 模式中重要单元的活动各有特点并且相互关联和促进。采用 SD 对技术变迁路径模拟能够顾及各环节的整体性，通过参数调整还能考察过程的不同状态和趋势；以往研究对转型升级路径的分解停留在定性描述阶段，借助 SD 模拟的定量分析能够提取技术变迁的关键影响因素，在上文研究的基础上更深层次剖析了战略转型升级过程的运行和技术变迁机理，为重污染企业转型升级路径的提升奠定了基础。

BMTC 模式的技术变迁 SD 动态模拟的构建步骤如下：

步骤 1　绘制因果关系图。充分搜集资料，参考企业转型升级关键影响因素，根据德尔菲法调查结果确定技术变迁路径的影响因素。确定边界，明确各子系统因果反馈环的关系，绘制因果关系图。

步骤 2　建立 SD 图。根据元素的性质描述变迁行为的变量和参数，建立数学方程式，绘成系统流程图。

步骤 3　模型检验。利用 SPSS 软件对影响因素数据进行回归分析，确定各因素影响系数，并进行模型信度和效度的检验。

步骤 4　策略模拟。运用 Vensim 软件，对技术变迁的关键影响因素进行动态模拟分析。

步骤 5　结果分析和建议。根据模拟结果分析现有问题，提出路径提升策略和战略转型升级建议。

5.2.2　技术变迁过程的因果关系图

结合 BMTC 模式下的技术变迁实施路径，使用德尔菲法对关键影响因素及运行机理进行问卷调查分析，绘制因果树图（图 5.2）以显示各子系统的影响因素。对问卷执行有效性及正确性的检验，结果 KMO 值（=0.723）在可接受范围内，Bartlett 卡方值（=0.000）呈显著，说明提取的影响因素有效。人员构成的变迁始终贯穿于生产技术、组织结构、生存流程和服务方式四个子过程，本书不单独列出该子系统的影响因素、因果图及 SD 图，该过程的影响因素归入组织结构子系统。

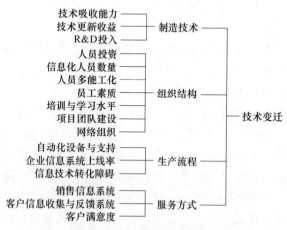

图 5.2 技术变迁的因果树

根据因果树图，应用 Vensim 软件绘制的因果关系图见图 5.3。图中主要存在 4 条路径：（1）R&D 投入–技术吸收能力–技术更新收益–主营业务收入–财政支出–R&D 投入；（2）R&D 投入–人员投资–培训与学习水平–员工素质–人员多能工化–信息化人员数量–技术更新收益–R&D 投入；（3）自动化技术设备与支持–产品销量–主营业务收入–财政收入–财政支出–企业信息系统上线率–产品销量–自动化技术设备与支持；（4）销售信息系统–产品销量–主营业务收入–R&D 投入–信息化人员数量–企业信息系统上线率–客户信息收集与反馈系统–销售信息系统。

5.2.3 技术变迁过程的系统流图

图 5.4 是根据因果关系图（图 5.3）确立的技术变迁路径系统流图。该图由生产技术、组织结构、生产流程和服务方式变迁四个子系统构成。生产技术变迁是企业转型升级的基础，商业模式创新环境下，通过技术吸收和积累，依托信息技术突破技术壁垒是企业转型升级的根本路径；组织结构的扁平化转变是伴随技术变迁而发生的，人员构成的变化是与组织结构调整相适应的；生产流程整合是信息技术深度植入的结果，随技术升级产生的销量增长是企业盈利能力改善的主要贡献者；服务方式的智能化变革是转型升级的最终目标，云终端、物联网、ERP 等使企业实现 O2O 和需求的快速反应成为可能。

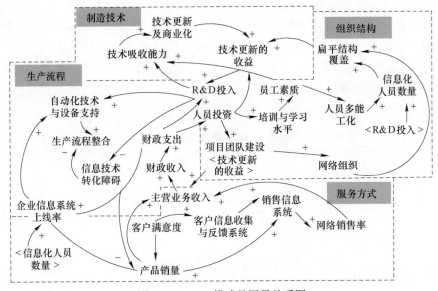

图 5.3 BMTC 模式的因果关系图

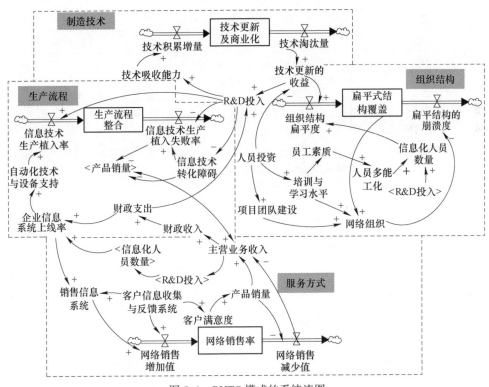

图 5.4 BMTC 模式的系统流图

图 5.4 中存在 4 个水平变量（技术更新及商业化、生产流程整合、扁平式结构、网络销售率）和与之相关的若干速率变量及辅助变量。其中一些水平变量、速率变量、辅助变量和常数的使用具有普遍性和通用性，容易从相关文献中获取[41~43]，本书在此省略了对这些变量的确定与缩写表达。表 5.1 仅列出模型中主要变量的计算方程（Dynamo 语言方程，在 Vensim 软件上运行），同理也可写出其他一些变量的 Dynamo 方程，原始数据由年鉴及财务报表获得。

表 5.1　主要变量及方程式

变量名称与单位	计　算　方　程
技术积累增量/万元	技术投资×技术投入产出因子+R&D 投资×信息技术投入产出因子
技术吸收能力/Dmnl	内部技术$_t$+外部技术$_t$/企业技术库$_t$=内部技术库×内部技术可获得性+外部技术源×外部技术可获得性； 企业技术库=技术流入−技术流出+企业技术库； 外部技术源=技术更新率×Δt+外部技术源； 技术更新率=RANDOM UNIFORM（−50，50，0）
组织结构扁平度/Dmnl	WITH LOOKUP（扁平化建设，（［（1，1）−（5，2）］，（1，1），（1.85，1.1），（2.49，1.3），（3.135，1.5），（3.56，1.6），（3.92，1.7），（4.116，1.78），（4.33，1.82），（4.46，1.85）））
人员投资/万元	培训投入（t−dt）+人员投入增长； 人员投入增长=人员投入×人员投入增长率
信息化人员数量/人	INTEG（信息人才成熟速率−员工辞职速率−信息人才转出速率）×时间间隔+初始信息化员工
员工素质/Dmnl	信息人员数量+多能工人员数量/员工总数 多能工人数=INTEG（多能工人才成熟速率−员工辞职速率−人才转出速率）×时间间隔+初始多能工员工数
信息技术生产植入率/Dmnl	生产信息技术/企业信息技术库
企业信息系统上线率/Dmnl	WITH LOOKUP（信息系统平台建设，（［（1，0.2）−（2，0.7）］，（1，0.2），（1.15，0.25），（1.3，0.3），（1.4，0.4），（1.5，0.45），（1.6，0.48），（1.67，0.51），（1.74，0.53），（1.8，0.55），（1.85，0.57）））
网络销售增加值/Dmnl	（网络销售额$_t$−网络销售额$_{t0}$）/网络销售额$_t$

下面对 4 个子系统进行具体分析。

（1）生产技术变迁子系统。生产技术的系统流图如图 5.5 所示。该子系统的目标是实现技术更新的应用，并由新的技术实现产品利润的提升和新的持续竞争能力。技术吸收能力是技术变迁的前提，衡量变迁成果的指标是技术更新收益。增加 R&D 投入是加速新旧技术转化、获得自有核心技术的重要手段。

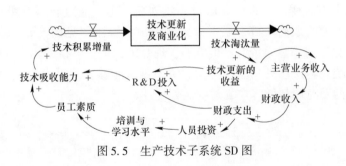

图 5.5 生产技术子系统 SD 图

（2）组织结构变迁子系统。组织结构变迁子系统主要包括组织结构扁平化与人员结构调整两方面，系统流图见图 5.6。组织结构变迁价值主要实现方式是人员结构调整和员工素质提升。增加人员投资有助于员工培训水平的显著提升，信息化、多能工人才数量的增长有助于项目团队建设和网络组织的形成，组织结构的横向变迁能够大幅降低企业管理成本，提升企业价值。

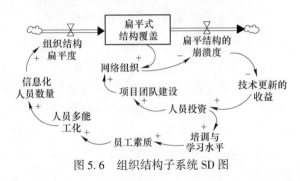

图 5.6 组织结构子系统 SD 图

（3）生产流程变迁子系统。信息化环境下，企业生产流程重组的关键是自动化设备和先进技术的支持。从系统流图（图 5.7）来看，生产流程的整体升级依赖信息技术的植入程度。信息时代下，以互联网、大数据为代表的企业技术是提升生产流程效率和灵敏度，实现产品高溢价率，提升股东价值的重要支点。技术变迁的实质是新旧技术、新旧产品的转换，行为惯性和人员抵触会形成企业技术的转化障碍，不利于企业转型升级发展。

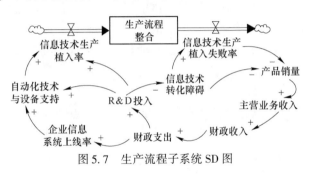

图 5.7 生产流程子系统 SD 图

（4）服务方式变迁子系统。服务方式创新是企业通过转型升级获得新的市场价值和竞争力的最后步骤。服务方式变迁子系统流图见图5.8。通过物联网、ERP技术建立销售信息系统，不但能够实现O2O，更能够帮助建成客户信息的收集和反馈系统。客户意见交流及持续性关系维持能够实现需求变化的迅速反应，产品和服务的及时调整使客户满意度显著提升。

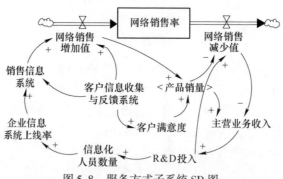

图 5.8   服务方式子系统 SD 图

值得注意的是，几个财务指标与企业转型升级的表现联系密切。由技术变迁带来的产品销量增长创造了企业盈利，具体情况见图5.5、图5.6中技术更新收益和图5.7、图5.8中的主营业务收入增长。这种经济转化能力的提升对企业坚持战略转型升级起到了激励作用，生产流程和服务方式变迁子系统中产品销量—主营业务收入—R&D投入—企业信息系统上线率—产品销量的循环可以解释这种正向作用。由于财务指标可用于衡量转型效果，本书没有将相关因素列入企业技术变迁影响因素。

5.3   案例仿真及分析

5.3.1   仿真环境设定

同样地，从上文14家重污染企业中选取一家为样本，该企业的两种核心产品分别是煤化工产品和煤炭，初步确立的战略转型升级是产业相关型转型，计划在现有煤化工产品开发和生产技术的基础上引入新型设备，研发新的煤化工产品以开展特殊业务和完成原有煤化工产品的升级项目。该企业始终处于国内行业发达水平，因此以该企业为战略转型升级企业代表，进行转型升级的技术变迁路径仿真和策略模拟。

技术变迁路径模拟以生产技术、组织结构、生产流程和服务方式为四个子系统，对子系统中重点影响因素间的互动关系为策略重点，通过调整参数值策略设计为辅助。该重污染企业转型升级的技术变迁 SD 模拟模型的构建参考上文步骤1~5，技术变迁路径的影响因素系数结果见表5.2。

表 5.2　影响因素系数表

指标	影响因素	系数	指标	影响因素	系数
制造技术	技术吸收能力	0.60	生产流程	自动化设备与支持	-0.50
	技术更新收益	0.30		企业信息系统上线率	0.65
	R&D 投入	0.68		信息技术转化障碍	0.55
组织结构	人员投资	0.60	服务方式	销售信息系统	0.40
	信息化人员数量	0.55		客户信息收集与反馈系统	0.35
	人员多能工化	0.55		客户满意度	0.30
	员工素质	0.60			
员工能力管理	培训与学习水平	0.30			
	项目团队建设	-0.45			
	网络组织	-0.30			

从表 5.2 的结果来看，R&D 投入、企业信息系统上线率、技术吸收能力、信息技术转化障碍、人员投资对技术变迁影响较其他因素显著。参考因果关系图中的 4 条主要回路，R&D 投入（系数 = 0.68）和企业信息系统上线率（系数 = 0.65）在多个子系统运行中均参与活动，对子系统交互运行起重要作用，因此下文选择这两个要素作为主要影响因素，选取技术吸收能力、人员投资、员工素质（系数 = 0.60）为次主要因素，分别进行策略模拟和分析。

5.3.2　策略模拟与分析

5.3.2.1　主要影响因素的策略模拟

通过运行 Vensim 软件，对主要变量"R&D 投入"和"企业信息系统上线率"进行策略模拟，模拟数据见附录 B 和附录 C。

实验 1　为得出 R&D 投入对技术变迁路径的影响程度，在不改变其他因素的情况下，调整影响系数，观察主营业务收入变动状况。由初始数据得到主营业务收入仿真曲线 0。将 R&D 投入影响系数由原来的 0.68 分别调整至 0.4、0.5、0.8，得到仿真曲线 1、2、3，模拟结果见图 5.9。

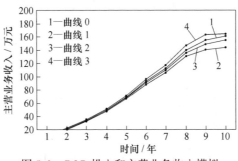

图 5.9　R&D 投入和主营业务收入模拟

　　模拟结果表明，调整 R&D 投入的影响系数对企业主营业务收入产生正向影响，且收入增加速度随着循环年数的增加而加快。从第 7 年开始，R&D 投入对收益增加的影响开始逐步降低，可以得出结论，在 R&D 投入因素存在的技术变迁路径中，前期 R&D 投入对转型经济转化能力影响较大，但这种影响随着系统运行而减弱。R&D 投入与技术更新收益之间呈现出类似情况，模拟结果见图 5.10。

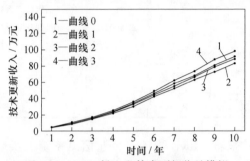

图 5.10　R&D 投入和技术更新收益模拟

　　实验 2　对企业信息系统上线率和主营业务收入、技术更新收益进行组合模拟。根据调查结果，该企业当前企业信息系统上线率为 30%，分别调整该数据至 20%、40%、50%，模拟结果见图 5.11、图 5.12 所示。

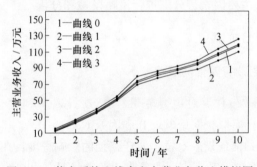

图 5.11　信息系统上线率和主营业务收入模拟图

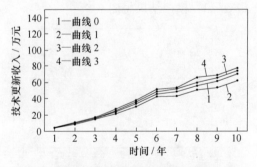

图 5.12　信息系统上线率和技术更新收益模拟

　　模拟结果显示，企业信息系统上线率对主营业务收入及技术更新收益增长有促进作用。企业信息系统上线率是销售信息系统和客户信息平台实现的前提，信息平台运作使曲线2、3明显高于曲线0、1的位置，伴随产品销量增长主营业务收入和技术更新收益持续增加。但从第7年开始，图5.11、图5.12中因素的增长率随着信息系统上线率的提升反而减小。此时，企业各子信息平台如销售信息系统、客户信息反馈系统等同时上线，后台维护的费用持续增加，因此主营业务收入、技术更新收益的增幅反而减少。

5.3.2.2　次主要影响因素的策略模拟

　　对次主要变量"技术吸收能力""人员投资""员工素质"（系数=0.60）为次主要因素，进行策略模拟。

　　实验3　为得出技术吸收能力、人员投资、员工素质对技术变迁路径的影响程度，在不改变其他因素的情况下，调整影响系数，观察主营业务收入及技术更新收入的变动状况。由初始数据得到主营业务收入仿真曲线0。将三个因素的投入影响系数由原来的0.60分别调整至0.80，分别代表培养企业技术吸收能力、增加人员投资和员工素质的提升，调整后的结果分别为曲线1、2、3（见图5.13）。同样地，将三个因素的影响系数调整至0.80，观察技术更新收益的变动状况，初始数据得到仿真曲线0，调整后得到曲线1、2、3（见图5.14）。

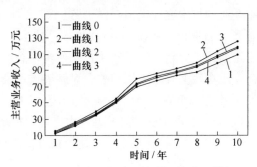

图5.13　次主要因素和主营业务收入模拟

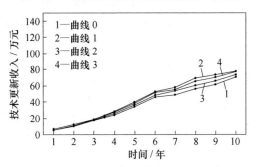

图5.14　次主要因素和技术更新收益模拟

从结果来看，等幅调整次主要因素的系数，对主营业务收入和技术更新收益的影响是不同的，整体呈增加趋势，并且随着循环年数的增加而不断上升。图5.13 显示，系数等幅增加后，曲线 1 的上升幅度最为明显，经历 10 个循环之后主营业务收入增长比例约 13%。技术更新收益曲线也出现同样的情况，增长比例约 9%（见图 5.14）。可以得出，在技术变迁的几个路径中，技术吸收能力对转型升级收益的影响较大，也是影响技术变迁的重要因素。而其他两个因素调整后，主营业务增长率：曲线 2 为 7%、曲线 3 为 8%，技术更新收益增长率：曲线 2 为 4%、曲线 3 为 9%。由此可以说明人员投资和员工素质对技术变迁的影响稍低，但较高的员工素质是技术更新成功的一个重要前提。

5.4　实验结论和提升路径分析

（1）从技术变迁的角度来考察战略转型升级过程，构建基于 BMTC 模式的 SD 模型能够在上文研究的基础上更进一步地解决转型升级路径研究的"黑箱"问题，为形成系统科学的战略转型升级研究体系提供了基础。系统动力学方法构建的模拟模型能够模拟技术变迁过程中子系统相互耦合及各要素的相互作用。实例仿真模拟的结果客观反映了企业转型升级的运行机理。模型解决目前路径分解与评价方面的不足，为技术变迁路径的研究提供了新的思路。该模型不仅可用于重污染行业，也可用于其他行业的技术变迁模拟研究。该方法构建的因果图和系统流图也为其他行业企业的技术变迁模拟提供借鉴。

（2）实验结果显示，企业信息系统和 R&D 投入是技术变迁的重要影响因素，增加相关资源投入才能加速企业新旧技术转化、快速实现企业复杂系统的整体升级。这两个因素与企业成功转型升级密切相关，对解决重污染企业"高投入、低效率"，技术产业发展不足（ICOR = 8，能源利用率 = 33%，高技术企业占比 7%）[40] 具有重要作用。自主创新应受到国家的大力支持，将技术吸收和积累的成果有效整合，形成自有专利技术，能促使企业快速的获得转型升级的实际效益。

（3）尽管信息技术植入与创新投入是重污染企业转型升级的主要手段，但仍然需要企业控制技术变迁或自主创新的进度。策略模拟显示，信息技术在一定阶段内对转型升级的经济转化能力有促进作用，但需要控制在合理范围。投入过量引发的收益增量减少会引发系统内抵制行为，如企业高层或员工的不满、企业转型升级积极性降低等，最终造成转型升级失败。

（4）技术吸收能力对技术变迁的经济成果转化具有重要的作用。尽管近年来我国企业通过合作、并购等途径获得了先进技术资源，但在技术的吸收和转化能力还存在障碍。其主要原因是缺乏资金支持，这一点在上文的制造子系统中有所体现。由于技术的吸收是一项高投入、收益周期较长的活动，因此很多企业持犹豫态度，往往放弃技术创新转而采取技术引入等方法。此时，政府应发挥其引导作用，大力推动企业技术吸收能力的提升，鼓励自主创新。

（5）信息化时代，企业对员工素质能力提出了新的要求。人员学历和知识水平提升只是一个方面，信息和多能工能力是带动企业转型升级的关键。先进的技术和设备对员工提出新的挑战，技术知识和能力能够帮助员工更好的适应环境变化。另外，具有创新意识的员工有助于企业的信息化、服务化升级。

（6）重污染企业转型升级是一个动态循环的过程，这个过程涉及的众多因素都离不开资源的投入支持。转型升级实施依赖于企业人员的配合工作，因此人员投入是极为关键的。企业应更多地关注员工对企业转型升级的认识情况，如果员工的转型升级积极性不佳，无论是业务还是管理层面的技术变迁都无法开展。人员投入能够帮助企业建立激励制度，这对于完善培训体系、开展项目团队建设、实现网络组织极有价值。企业转型升级的最终阶段是企业文化、愿景的变化，员工投入更能够满足员工的学习、成长需求，把个人目标与企业目标结合起来。

5.5 重污染企业转型升级的优化对策

由上文分析可知，技术变迁是重污染企业转型升级的根本路径。通过 SD 模拟得出了技术变迁路径上的关键因素，并提出了提升路径的对策。技术变迁路径的影响因素对重污染企业转型升级绩效造成的影响幅度是不同，只有针对这些关键因素提出改进性的对策，才能获得对转型升级实践切实有效的建议。

5.5.1 重污染企业转型升级存在的不足

综合上文分析，重污染企业实施战略转型升级时存在一些不足之处：

（1）战略转型升级定位模糊，转型升级策略的选择较为盲目。不少企业认为多元化经营模式的转型升级会创造巨大的产业利润，过分积极的拓展业务领域，盲目的"跟风"进入其他产业。很多产业的市场已经成熟，竞争极为激烈，或新产业转型升级的成本过高，最终导致转型升级的失败。

（2）对战略转型升级的了解有限，将产品策略调整与战略转型升级混为一谈。尽管营销模式转型升级的主要内容是产品策略的调整，但这与重污染企业转型升级之间并不能划等号。在产品上"做文章"是重污染企业惯用的策略，不少企业认为从这个角度入手对组织进行适度调整就能够获得新的盈利能力。然而，通过这种调整而获得的积极效应较为短暂，对改变企业的现实问题并没有起到实质性的作用。

（3）数量庞大的中小型重污染企业资源配置能力较差。尽管已经有不少企业开始了不同程度的战略转型升级，无法获得相关部门的支持，资源配置无法满足转型对企业资源的要求，使战略转型升级"半途而废"。另外，重污染企业对各种资源的配置比较盲目，无法使各种资源产生协同效应，导致转型升级成本和风险急剧增加。

（4）重污染企业自主创新能力较差，技术创新习惯性依赖模仿和从国外引进。在外观设计、实用新型、发明专利三种专利中，国外企业约占专利申请总数的80%。尽管我国2015年专利申请数量达1101864件，同比增长18.7%，位居全球排名的首位，但这些专利的许可实施率只有2%[43]。专利的含金量较低，市场利用率提升的速度很慢，重污染企业仍然更愿意投入大量资金用以购买先进技术或设备。

另外，重污染企业研发投入比例较低，创新管理水平较低，效率不高。中国研发投入比例占 GDP 比例，2013 年为 2.08%，2014 年为 2.05%，2015 年为 2.10%，研发投入强度与发达国家3%~4%的水平还存在较大差距[44]。

（5）企业组织转型升级、管理转型升级能力较弱。国有重污染企业在体制和机制方面阻碍战略转型升级，企业组织转型升级的弱化使战略转型升级难以贯彻。国有重污染企业经营模式僵化，管理者领导、协调、管控能力较弱，无法起到对转型升级引导作用。组织对重污染企业转型升级有消极对待和抵制的倾向，其中包括领导与员工阻力、技术阻力、惯例阻力和外部利益相关者的抵制。这使新的战略无法实施，重污染企业往往选择降低转型升级的强度，最终导致转型升级的效果达不到预期。

5.5.2　重污染企业的战略转型升级模型

根据对重污染制造重污染企业转型升级的分析与评价，结合重污染企业转型升级实施中的问题，本书构建了重污染企业转型升级的过程机制图。图中列举了重污染企业实施战略转型升级中的关键要素，为解决战略转型升级的现实问题提供了参考，具体内容如图 5.15 所示。

图 5.15 阐述了中国重污染企业转型升级的实施过程，在第 3 章图 3.7 的基础上更详细地指出了战略转型升级的主要过程和关键要素。为使重污染企业获得转型升级的实践参考，正确规划战略转型升级部署，合理规避转型升级中的风险，本书结合图 5.15 提出如下的策略建议：

（1）敏锐洞察转型升级动因，正确选择转型升级方向。对环境变化、产业政策、竞争者动态有深入和准确的判断，重视利用互联网、大数据技术构建信息、情报收集平台，培养企业对信息搜集、挖掘、整合、判断的能力。重视战略转型升级的可持续性和发展性，善于把握发展机遇，杜绝一切"跟风"行为，根据重污染企业自身现状和特点，提出具有适宜性、可行性和可接受的战略转型升级计划。

（2）善用技术变迁完成战略转型升级。首先将技术变迁体现在企业产品、服务和工艺的开发上。技术创新要首先用于提升企业的关键业务，及时识别市场

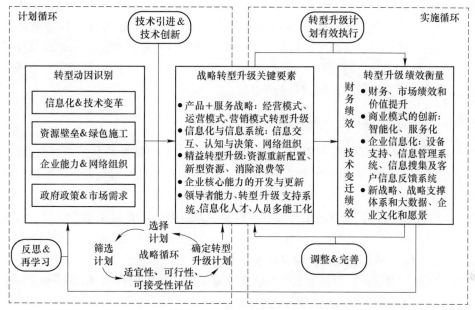

图 5.15　中国重污染企业转型升级模型

机会和调整产品策略，这是快速有效地获得绩效增长的关键；其次，将先进技术尤其是信息技术用于企业管理的创新。企业信息系统的建立可以显著提高效率，避免管理模式和制度的僵化，保障企业获得持续稳定高效的运营能力和竞争力；最后，要不遗余力进行企业精益转型升级。解决重污染企业资源和绿色壁垒等问题，需要使企业能够科学的识别、选择、配置、融合内外部资源。信息技术与企业系统的高效融合能够实现企业资源整合。

（3）加大自主创新的力度。很多企业利用迭代创新、开放式创新、标杆模仿、整合改造等方法实现了企业技术的创新。但从长远来看，重污染企业应在技术模仿和技术积累的基础上，不断增加 R&D 投入，大力调动企业自主创新的积极性。从企业实际出发，选择有发展前景和市场价值的领先技术，整合企业优势资源，集中研发这样的创新单元，并由此发展成企业的核心独有技术，逐步使企业成为产业中的技术带头企业。

（4）充分发挥企业员工在转型升级中的重要作用。知识经济时代，市场竞争的实质是人才的竞争、知识的竞争。重污染企业转型升级的主体是企业人员，员工的积极参与对破除组织转化障碍，转型升级经济成果转化有重要的影响。企业应注重建立转型升级的激励制度，除了满足企业人员的物质需求外，还应该通过创建学习型组织满足员工的精神期望。建立知识、能力培训制度，鼓励项目团队的发展，塑造信息化和多能工化的人才。高素质的技术人才能提高技术引进和自主创新的成功率，保证战略转型升级的正确性和持续性，并获得技术变迁绩效的提升。营造良好的转型升级学习氛围，鼓励员工创新，使企业愿景与个人愿望相统一。另外，企业领导者在战略转型升级中扮演了重要的角色，领导者的智慧、风格、科学与创新思维能够正确引导企业转型。在现实情况下，企业领导层的行为是重污染企业转型升级计划实际性、实用性的保障，他们促使重污染企业转型升级的执行和转型升级绩效的产生。

5.5.3　重污染企业转型升级的政策建议

政府颁布的政策和法规对企业转型升级发展的影响是显而易见的。配套的、革新的、完善的政策法规对重污染企业的战略转型升级起到相当重要的推波助澜作用。因此，结合上文的论述提出几条相关的政策建议：

（1）设立重污染企业转型升级专项资金和发展基金。重污染企业转型升级的最终目的是提质增效，重污染企业转型升级发展需要政府提供支持和便利服务，并充分激发转型升级的能动性。设立支持技术升级、技术创新、节能减排等各类专项资金，实施省级支持、市县配套的办法，大力推进"两化融合"，精准推动重污染企业转型升级。可以用税收优惠的办法鼓励技术创新，企业用于自主创新、技术开发的资金可以按企业销售额的一定比例提取，在征收所得税之前一并扣除。

（2）鼓励重污染企业自主创新，支持技术改造。支持重污染企业自主创新，鼓励企业通过自身技术改造发展核心技术能力。鼓励重污染企业进行服务化升级，大力推动基于用户需求的新产品开发，增加典型创新产品的有效供给。以税收政策促进企业加大 R&D 投入，奖励具有专利技术、独立自主知识产权、技术领先和市场导向性的标杆企业。支持创建驰名商标、著名商标、中小企业名牌产品。

（3）鼓励重污染企业管理创新，推动企业网络化升级。引进信息技术重新构建重污染企业业务流程，落实重污染企业信息管理系统的运营。深入开展企业帮扶，拓宽企业融资渠道，多方式帮助企业筹集战略转型升级资源。推进创新、转型升级服务平台的建设，鼓励组建技术创新联盟，协助企业转型升级计划贯穿企业各层级、各部门，并妥善协调企业技术变迁和管理体系升级。进一步落实"两化融合"管理体系，以"贯标试点企业"和"贯标示范企业"为标杆，进一步培育创新服务、数据驱动、互联网化发展的新型企业。完善组织内部科学管理制度，规范法人治理结构，建立股东会、董事会、监事会制衡机制。优先支持绿色企业和"互联网+"企业，确保两化融合管理体系实施，制定配套的措施和办法，积极推动企业两化深度融合。

5.6　本章小结

技术变迁是重污染企业战略转型升级的重要途径之一。本章分析了信息化环境下重污染企业转型升级的技术变迁过程，采用系统动力学方法，构建了技术变迁路径的因果图和系统流图；通过案例仿真实验，获取了影响技术变迁的关键因素，即 R&D 投入和企业信息系统上线率。动态模拟结果表明，这两个因素能够有效提高企业转型升级的经济转化能力，但其投入量必须控制在合理范围之内。本章构建了重污染企业的战略转型升级模型，并提出战略转型升级的策略和建议。

参 考 文 献

[1] 田宇，马钦海. 电信业技术变迁的演化博弈分析 [J]. 技术经济，2010，29 (2)：34～38.

[2] Ginsberg A. Measuring and Modeling Changes in Strategy：Theoretical Foundations and Empirical Direction [J]. Strategic Management Journal, 1988 (9)：559～576.

[3] Goodstein J, Gautam K, et al. The Effects of Board Size and Diversity on Strategic [J]. Change Strategic Management Journal, 1994, 15 (3)：241～250.

[4] Yokota R, Mitsuhashi H. Attributive Change in Top Management Teams as a Driver of Strategic Change [J]. Asia Pacific J Manage, 2008 (25)：297～315.

[5] Greiner L E, Bhambri A. New CEO intervention and dynamics of deliberate strategic change [J]. Strategic Management Journal, 1989 (10)：67～86.

[6] Gary Gereffi. International Trade and Industrial Upgrading in the Apparel Commodity Chains [J]. Journal of International Economics, 1999, (48)：37～70.

[7] 亨利. 明茨伯格，等. 战略历程：纵览战略管理学派 [M]. 北京：机械工业出版社，2002.

[8] 薛有志，周杰，初旭. 企业战略转型的概念框架：内涵、路径与模式 [J]. 经济管理，2012，34 (7)：39～47.

[9] 李小红. 企业战略转型研究评述 [J]. 外国经济与管理，2015，37 (12)：3～15.

[10] 张喜征，覃海荣. 企业升级转型中知识路径依赖及破解策略研究 [J]. 情报杂志，2014，33 (1)：196～200.

[11] 赵昌文，许召元. 国际金融危机以来中国企业转型升级的调查研究 [J]. 管理世界，2013 (4)：8～15.

[12] 杨林. 企业战略变革认知论 [M]. 北京：光明日报出版社，2014.

[13] 毛蕴诗，郑奇志. 基于微笑曲线的企业升级路径选择模型 [J]. 中山大学学报，2012 (3)：162～174.

[14] 毛蕴诗，张伟涛，魏姝羽. 企业转型升级：中国管理研究的前沿领域——基于 SSCI 和 CSSCI（2012～2013 年）的文献研究 [J]. 学术研究，2015 (1)：72～80.

[15] Porter M E. Competitive Strategy [M]. New York：Free Press, 1980.

[16] Porter M E. The contribution of industrial organization to strategic management [J]. Academy of Management Review, 1981, 6：609～620.

[17] 王吉发. 企业转型动因及路径分析 [M]. 大连：辽宁出版社，2007.

[18] 夏云风. 商业模式创新与战略转型 [M]. 北京：新华出版社，2011.

[19] William B Rouse. A Theory of Enterprise Transformation [J]. International System Eng, 2005, 1：279～295.

[20] Valerie P, Glenn P, et al. Enterprise Transformation：Why are we interested, What is It, and What are the challenges [J]. Journal of Enterprise Transformation. 2011, 1：14～33.

[21] Deborah Nightingale. Principles of Enterprise Systems [M]. MIT：Cambridge Massachusetts, 2009.

[22] James N Martin. Transforming the Enterprise Using a Systems Approach [C] //Affiliated with The Aerospace Corporation INCOSE, 2011：15～18.

[23] Abir Fathallah, JulieStal-LeCardinal. Continuous Improvement Modeling to Support Enterprise Transformation [J]. Journal of Enterprise Transformation, 2012, 2：177～200.

[24] 龚三乐. 全球价值链内企业升级绩效、绩效评价与影响因素分析——以东莞 IT 产业集群为例 [J]. 改革与战略, 2011 (7)：178～181.

[25] 吴湘繁, 马洁, 等. 基于产业技术变迁的组织变革模型：组织惯例演化视角——以百年柯达为案例 [C] // 第八届 (2013) 中国管理学年会—技术与创新管理分会场, 2013：1～9.

[26] 何园, 张铮. 基于战略地图和系统动力学的技术创新能力模拟 [J]. 系统管理学报, 2016 (1)：185～191.

[27] 姚洋, 章林峰. 中国本土企业出口竞争优势和技术变迁分析 [J]. 世界经济, 2008 (3)：3～11.

[28] 庄志彬. 基于创新驱动的我国制造业转型发展研究 [D]. 福州：福建师范大学, 2014.

[29] 易先忠. 自主创新、技术模仿与中国技术赶超 [D]. 长沙：湖南大学, 2010.

[30] 刘小鲁. 企业的最优进步路径 [D]. 北京：中国社科院研究生院, 2009.

[31] 蔡济波. 基于全球价值链的我国本土生产型外贸企业升级研究 [D]. 镇江：江苏大学管理学院, 2011.

[32] 姜晨, 刘汉民, 等. 技术变迁路径依赖的演化博弈分析 [J]. 上海交通大学学报, 2007 (12)：2012～2016.

[33] 刘健, 项松林. 企业异质性、技术变迁与动态比较优势 [J]. 财贸研究, 2012 (5)：131～138.

[34] Ibrahim Cil, Yusuf S. An ANP-based assessment model for lean [J]. Int J Adv Manuf Technol, 2013, 64：1113～1130.

[35] 贵文龙, 张福兴, 等. 中小制造业精益变革过程绩效评价指标权重研究 [J]. 科技管理研究, 2014 (2)：36～40.

[36] Richard Makadok. Toward a synthesis of the resource-based and dynamic-capability views of rent creation [J]. Strategic management Journal, 2001, 22 (5)：387～401.

[37] 陈磊, 王应明, 等. 两阶段 DEA 分析框架下的环境效率测度与分解 [J]. 系统工程理论与实践, 2016, 36 (3)：642～649.

[38] 王玉梅. 中国企业转型升级的知识创新与产业技术创新战略联盟研究 [M]. 北京：科学出版社, 2016.

[39] 王德鲁, 张米尔. 转型企业技术能力再造的路径分析与战略选择 [J]. 研究发展与管

理, 2006 (8): 22~26.

[40] 李金兵, 韩玉启, 等. 基于系统动力学的企业复杂系统资源负熵管理模型仿真 [J]. 系统管理学报, 2011 (9): 600~605.

[41] Rubin E S, Chao Chen, Rao A B. Cost and performance of fossil fuel power plants with CO_2 capture and storage [J]. Energy Policy, 2007 (35): 4444~4454.

[42] Gibbins J, Chalmers H. Preparing for global rollout: A 'developed country first' demonstration programme for rapid CCS deployment [J]. Energy Policy, 2008, 36: 501~507.

[43] 2015 年我国专利统计分析报告. 中国科学技术发展战略研究院科技统计与分析研究所.

[44] 陈浠. 2015 年创业板高成长逻辑: 公司平均研发强度达 5.3% [N]. 21 世纪经济导报, 2015-10-24 (006).

6 重污染企业技术变迁与战略转型升级绩效的关系研究

由第 4 章的研究可知，重污染企业技术变迁对战略转型升级有积极的影响作用，但尚不能确定技术变迁与企业绩效之间的关系。重污染企业转型升级的最终目的是使企业获得持续的利润能力和竞争力，因此，有必要在本章中进一步探讨技术变迁对企业绩效是否具有促进的作用。

学者们提出以技术变迁作为转型升级的主要路径，尤其是以信息技术提升企业动态能力、竞争力、推进组织重构和经营模式的转变[1]。虽然有不少学者认为技术创新、技术升级对企业绩效产生影响，且不同的技术创新方式或技术来源对企业绩效影响的机制和程度不同，但技术变迁并没有作为影响企业绩效的主要因素而引起广泛的关注[2]。对企业绩效内涵的解释比较纷杂，多数文献[2~5]对企业绩效、创新绩效、转型升级绩效没有严格的区分和界定，更有许多学者从财务指标如 ROA、ROE、EVA 的单一维度评价转型升级的效果。尽管使用 AHP、ANP 等方法对建企业变革过程的绩效进行评价，但并没有指出技术变迁与战略转型升级绩效间的关联。

因此，本章将在第 4 章研究的基础上对上述两者之间关系进行实证检验。从对技术变迁六个维度的分析出发，探讨关键因素对转型升级绩效的影响机制。以重污染企业为研究对象展开实证研究，构建结构方程模型验证各因素对转型升级绩效的贡献，弥补了当前重污染企业转型升级定量分析的缺陷，并为下文的重污染企业转型升级绩效评价的正确性和科学性提供了保障。

6.1 技术变迁与转型升级绩效的理论假设

6.1.1 重污染企业技术变迁的过程分析

重污染企业战略转型升级的主要目的是获得核心技术能力、建立低成本优势、优化资源配置、提升产品、服务质量。依靠信息技术能够突破绿色壁垒，实现对资源的综合利用、精细化运作，获得资源优势、产品或服务创新、新的利润增长点，这也是重污染企业转型升级绩效的主要内容。

第 3 章将战略转型升级中的技术变迁分解为两个部分：业务技术和管理技术。业务技术变迁包括生产技术、生产流程、服务方式共三个维度的变迁。管理技术变迁是组织结构、人员构成、管理体系共三个维度发生彻底改变的过程。由此，构建了业务（B）与管理技术变迁（M）并行的技术变迁（TC）模式，以下简称 BMTC 模式。

上文提出，重污染企业转型升级是价值链的整体变革，BMTC 模式中两个层面下属的各单元的转型升级活动是并行开展的。但实际过程中技术变迁的运行具有分阶段和分层次的特点，总体由计划阶段和实施阶段组成，变迁活动中的各维度分别由不同的职能部门承担。图 6.1 是结合对重污染企业转型升级的调查，构建的 BMTC 模式中技术变迁的具体运行模式。

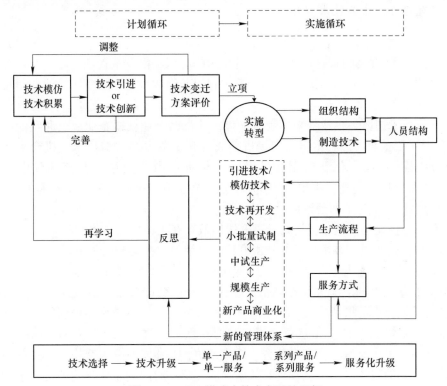

图 6.1 BMTC 模式中技术变迁的运行

重污染企业的变迁意愿来源于按照时间序列进行的技术模仿、累积和技术引进或创新[6]，技术引进是较容易的方式，而自主创新是取得价值链升级的根本途径。两个阶段中存在的多重循环和反馈使各活动交叉进行，最终促成企业技术变迁方案。方案立项前的工作是各部门权衡方案的费用、潜在效益与风险，并修订正式的实施方案。也就是完成本书第 3 章中提出的战略循环阶段和计划循环阶段的工作。进入实施循环即战略转型升级开始后，首先是生产技术变迁和组织结构重构的并行开展。生产流程整合依赖这两个环节的成果，新的技术和设备正式投入使用前要改进、试制等过程。人员结构变动始终贯穿以上三个环节，人员是整个转型升级机制运行的主体。当新的技术进入综合集成运营阶段后，企业即将构建新的服务方式，它是企业生产的决策支撑，也是获得新型竞争力、新的利润点的根本来源。管理体系应用后转型升级将进入再学习、再调整的循环，企业理念和文化也将实现变革，企业继续价值链的整体升级。在企业系统整体升级的过程中，还需要及时反思过程，不断调整现行的转型升级方案，发现其中的问题或改善的方向。技术变迁实现的基本路线是由新的技术引发的产品、服务升级和创新，最后获得企业绩效的提升。

6.1.2　理论研究假设

6.1.2.1　业务技术（B）

（1）生产技术与转型升级绩效。以往研究的结果表明，生产技术的提升与重污染企业绩效之间有直接关系：先进技术的应用经由质量管理活动提升企业绩效，再作用于领导、员工间接影响管理过程提升绩效水平[6]；重污染企业信息化建设能提高组织的 IT 吸收能力，从而促进内部知识转移，促进企业绩效的提高[7,8]；技术创新为企业带来了竞争优势，并帮助企业获得企业成长和利润的提升[9~11]，使企业通过利用当前市场机会或者开拓新市场和新技术的机会来抓住增长机遇[12]；技术创新对企业技术能力与重污染企业绩效发挥部分中介作用[13]。基于以上所述，提出生产技术变迁与转型升级绩效之间有待检验的假设，假设的编号与第 3 章的理论假设保持一致：

H7a，企业生产技术变迁与转型升级绩效存在正相关关系。

H7b，企业生产技术变迁与技术变迁升级绩效存在正相关关系。

（2）生产流程与转型升级绩效。生产流程是业务流程中的重要环节，它的提升为业务流程带来绩效并影响企业绩效[13]。一套配备了先进技术的生产流程系统可反映流程的增值能力、质量水平、交货能力、运行效率、创新能力、先进程度、风险情况等[14]。信息革命提出的海量数据、物联网、服务网和网络安全四大支柱，生产流程将会完全整合、构成系统，并能实时分享交换资讯。自动化工艺及先进的服务让生产流程更具效率，能在第一时间同步变化的消费需求。解决了传统流程中的诸多问题，通过互联网实现互联互通和综合集成，用智能化生产促使企业能力提升，实现精益、提升企业绩效。提出假设：

H8a，生产流程改善与转型升级绩效存在正相关关系。

H8b，生产流程改善与技术变迁绩效存在正相关关系。

（3）服务方式与转型升级绩效。传统的创新关注产品开发，但这可能带来产品趋同性或投资收益递减[15,16]。另外，单纯依靠技术升级经常出现企业战略、产品及市场需求不匹配的情况[13]。为避免上述情况，Gallouj 等[17] 提出将服务等非技术内容纳入转型的内容，信息技术将贯穿设计、制造、营销的全过程，为生产提供辅助决策支撑，向客户提供更精确和个性化的产品或服务。这将在很大程度上超越现有产品，获得新的利润增长。由此提出假设：

H9a，服务方式转变与转型升级绩效存在正相关关系。

H9b，服务方式转变与技术变迁绩效存在正相关关系。

6.1.2.2 管理技术（M）

（1）组织结构与转型升级绩效。根据钱德勒的结论，企业组织结构要服从于战略，组织结构是为战略服务的。使组织结构适应战略转型升级的需要，企业的获利能力才能大幅提高（Chandler，1962）。由此得出结论，组织结构决定企业绩效（Rumelt，1974）。组织结构横向变迁对企业创新起到相当大的影响作用。信息技术植入有助于企业的扁平化发展，并继续向网络化升级。在提高组织沟通效率的同时，使企业员工挖掘自身潜能，在企业转型升级中发挥重要作用。实证研究[17]发现，组织结构规范化对于企业绩效产生正效应。组织学习中探索性学习、应用性学习均与企业绩效之间存在一种倒U型的关系[17]。它们均对企业绩效具有一定的促进作用，两者结合的二元组织是提升绩效的最佳途径[18]。组织资本是企业前瞻性形成的基础，并推动经营绩效的提升，而结构惯性会造成惰性，对企业绩效形成负面影响[19]。基于以上提出假设：

H10a，组织结构重构与转型升级绩效存在正相关关系。

H10b，组织结构重构与技术变迁绩效存在正相关关系。

（2）人员构成与转型升级绩效。组织结构相适应的是人员构成变化。智能技术对员工能力、专业素养的要求有所提升，针对外部环境的变化员工需要迅速做出反应。从实际来看，选拔员工的条件变化为：除熟练掌握计算机、信息技术之外，还必须拥有岗位责任感。转型升级需要员工的认同和积极参与，员工责任感积极影响企业经营绩效[20]。企业员工自愿自发、坚定踏实地承担责任和任务，使重污染企业转型升级获得强大的助力和持续发展后劲[21]。人员的反对情绪极易对转型升级的成败产生影响，转型升级期更需要具有创新思维、且具有适应能力的员工。引导和充分给予学习培训机会不但能够有效改善企业管理中的低效问题[22]，信息化、多能工人员数量的增加更是未来企业向网络化转型升级的基本资源保障。组织文化、关系导向型战略领导等因素对组织绩效产生积极影响[23]。由此提出的假设是：

H11a，合理的人员构成与转型升级绩效存在正相关关系。

H11b，合理的人员构成与技术变迁绩效存在正相关关系。

（3）重污染企业管理体系与转型升级绩效。管理体系是企业组织和管理制度的总称，内外部环境变革环境下，重污染企业管理体系的升级围绕商业模式创新展开。上述的五个环节的转型升级活动完成后，新的商业模式及赢利方式应运而生。创新的管理体系是技术与管理的集成，是企业全过程中资源的重新配置，业务流程再造，提高企业综合效益[24]。管理体系是支持企业价值获取、价值实现的主线，结合先进的信息技能，企业绩效将有效的提升。目前常用的管理体系包括 ISO9000~9004 质量管理体系、ISO14000 环境管理体系、ISO27000 信息安全管理体系和 OHSMS 职业健康安全管理体系等，它们的运行质量在很大程度上决定着管理水平，最终影响产品和服务的质量和绩效[25]。技术变迁过程中，企业应加速新旧技术的转换，完善管理体系的可操作性，确保企业与新的管理机制相适应并保证其有效落实。另外，企业管理理念、服务理念甚至与企业文化也应当突破和变革，它们涉及企业的价值观、人员行为准则和方式和内部各种利益关系[26]。企业文化是企业核心能力的重要内容，是企业竞争优势的基础，大量成功的案例证明[27]，企业可以通过企业文化和管理体系的转型，而实现企业绩效的迅速增长。由此提出：

H12a，管理体系再造与转型升级绩效存在正相关关系。

H12b，管理体系再造与技术变迁绩效存在正相关关系。

基于以上分析，确定了影响技术变迁的各变量和企业绩效的关系假设，提出重污染企业转型升级中技术变迁影响企业绩效的理论模型，具体内容如图 6.2 所示。

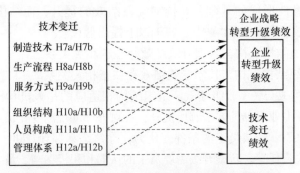

图 6.2　技术变迁和企业转型升级绩效的假设模型

6.2　研究设计

6.2.1　问卷设计和数据来源

本研究以战略转型升级中的重污染制造企业为研究对象，在文献分析和实地访谈的基础上开发调研问卷。问卷的主要内容同第 4 章，但在原问卷基础上又增加了对业务技术变迁、管理技术变迁及转型升级绩效的测量题项。

6.2.2　变量测度

（1）自变量测量。技术变迁、生产流程、服务方式、组织结构、人员构成和管理体系测量同第 4 章。采用 Likert 五级量表，其中"1"表示该说法与企业现实"非常不符合"，以此类推，"2"表示"不符合"，"3"表示"一般符合"，"4"表示"符合"，"5"表示"非常符合"。

（2）企业战略转型升级绩效的测量。19%的文献在衡量企业绩效时使用单一衡量维度，这很可能误导研究的推论。多数学者建议以多维度作为企业绩效的衡量，而对转型升级绩效的考察应更重视技术变迁行为而产生的结果及可持续的发展。本书采用财务指标与非财务指标结合测量企业战略转型升级绩效。在测量技术变迁引发的财务绩效变化（转型升级绩效）的同时，还要考虑技术变迁对企业经营和行为产生的影响，即技术变迁的绩效。具体测量题项见表6.1、表6.2。

表6.1 企业转型升级绩效测量表

题 项	企业转型升级绩效测量维度	来 源
Q31：盈利能力变化满意度	转型升级后盈利能力的变化	BSC 理论；Kaplan（1996）
Q32：成长速度满意度	转型升级后企业的发展前景和速度，包括规模、利润的增加	Jeffrey 等（1989）；Arundel A 等（2008）；Wirtz 等（2010）；
Q33：资金周转变化满意度	转型升级后资本价值的运动，对企业利润模式的衡量	Stanwick 等（1998）；Rof 等（2001）；Gupta（2001）

表6.2 技术变迁绩效测量表

题 项	技术变迁测量维度	来 源
Q34：技术吸收能力变化满意度	企业技术库中内、外部技术变化，技术更新效率改善情况	余泳等（2015）；Laursen 等（2006）；
Q35：组织结构扁平度变化满意度	组织结构扁平化建设情况，综合网络化、项目团队建设情况	Rosenbusch 等（2011）；
Q36：员工素质的提升满意度	信息人员数量、多能工人员数量；培训和学习水平，人才转入和转出速率	Zhong 等（2002）； Bresnahan 等（2002）；
Q37：企业信息系统上线率满意度	信息系统平台建设的完成情况	Boning 等（2007）；张嵩等
Q38：网络销售增加满意度	网络销售额增加、电子商务平台建设	（2007）

6.3 假设检验及结果

6.3.1 描述性统计分析

为便于描述，用 ETP 代表企业转型升级绩效，TCP 代表技术变迁绩效。表6.3 是企业战略转型升级绩效的描述性统计分析结果。

表6.3 企业战略转型升级绩效描述性统计分析

指标	题项	均值	标准差	偏 度		峰 度	
		统计量	统计量	统计量	标准误	统计量	标准误
ETP	Q31	3.90	0.799	−0.536	0.188	0.437	0.375
	Q32	3.89	0.797	−0.591	0.188	0.564	0.375
	Q33	3.86	0.801	−0.389	0.188	−0.202	0.375

续表6.3

指标	题项	均值	标准差	偏　度		峰　度	
		统计量	统计量	统计量	标准误	统计量	标准误
TCP	Q34	3.95	0.753	−0.523	0.188	0.257	0.375
	Q35	3.89	0.820	−0.520	0.188	−0.062	0.375
	Q36	4.04	0.750	−0.593	0.188	0.347	0.375
	Q37	4.26	0.713	−0.729	0.188	0.378	0.375
	Q38	3.89	0.831	−0.627	0.188	0.082	0.375

由表6.3可知，样本均值处于3.9左右，样本偏离平均值不大。偏度值都为负，绝对值小于3。多数数据的峰度值为负，峰度最大值为5.6，小于8，远远满足正态分布的要求。综合上述两个因素可以判断，问卷数据基本吻合正态分布的特征，适合使用可用于正态分布的各种统计方法，可以进行下一步的分析。

6.3.2　信度和效度

（1）信度分析。以第4章同样的方法对企业战略转型升级绩效进行信度分析，数据的信度分析结果见表6.4、表6.5。

表6.4　总体可靠性分析

可靠性统计量	
Cronbach 的 α 系数	项　数
0.853	8

表6.5　企业战略转型升级绩效信度分析

指　标	题项	CITC	该项目删除后 Cronbach 的 α 系数
ETP	Q31	0.543	0.841
	Q32	0.520	0.844
	Q33	0.575	0.837
TCP	Q34	0.640	0.830
	Q35	0.608	0.833
	Q36	0.622	0.832
	Q37	0.627	0.832
	Q38	0.615	0.832

由表6.4、表6.5可知，企业战略转型升级绩效测量题项的总体信度达0.853，CITC值都大于0.5，说明问卷设计的内容较为合理，问题与各指标的相

关程度高。另外，最终的 α 系数都大于 0.8，表示测量表可靠性很好。

（2）效度分析。采用与第 4 章同样的方法进行效度分析。表 6.6 是企业战略转型升级绩效变量的 KMO 检验和 Barlett 检验的结果。

表 6.6 战略转型升级绩效的 KMO 检验和 Barlett 检验

Kaiser-Meyer-Olkin 检验		0.831
巴特利特的球形检验	近似卡方值	736.361
	df	28
	Sig.	0.000

由表 6.6 可知，问卷中各样本的 KMO 值为 0.831，显著度为 0.000，说明样本结构较好，可以执行因子分析。采用与上文同样的方法，析出了 2 个因子，对变量的总解释程度达 73.419%，说明量表维度的划分正确（表 6.7、表 6.8）。

表 6.7 战略转型升级绩效的解释总方差

提取成分	初始特征值			提取平方和载入			旋转平方和载入		
	合计	方差的分数/%	累积分数/%	合计	方差的分数/%	累积分数/%	合计	方差的分数/%	累积分数/%
1	3.973	49.666	49.666	3.973	49.666	49.666	3.351	41.891	41.891
2	1.900	23.753	73.419	1.900	23.753	73.419	2.522	31.528	73.419

注：提取方法：主成分分析。

表 6.8 战略转型升级绩效的旋转成分矩阵

指 标	题 项	成 分	
		1	2
ETP	Q31	0.912	
	Q33	0.916	
	Q32	0.864	
TCP	Q35		0.808
	Q34		0.760
	Q37		0.784
	Q36		0.863
	Q38		0.830

注：1. 提取方法：主成分。

2. 旋转法：具有 Kaiser 标准化的正交旋转法，旋转在 3 次迭代后收敛。

6.3.3 结构方程模型分析

根据 Spearman（1904）Joereskog（1973）提出结构方程模型的（structure

equation modeling，SEM），它能够进行一种验证性的因子分析，透过事实数据分析假设模型的正确性。它能够同时处理多个因变量，并同时考虑因子结构和因子关系。依照上文的分析，企业战略转型升级绩效是由技术变迁的运行决定的，而转型升级绩效和技术变迁都必须通过多个相应的显变量来体现。基于上述理由，本节选择结构方程模型研究两者之间的关系。上文对数据的预处理：描述性统一分析、信效度分析，使数据完全满足模型的要求。

SEM 模型以变量的协方差考量变量间的相互关联程度，因此 SEM 也被称为协方差结构分析和因果模型。根据 SEM 各种拟合指数的数据，如卡方检验、适合度指数、替代性指数来评估假设模型与实际数据相拟合。若数据结果不理想，还能够通过模型优化淘汰未获得验证的路径，得到优化模型，并得出较为科学的研究结论。

AMOS（analysis of moment structures）软件适合进行协方差结构分析[28]，是处理结构方程模型并具备统计分析功能的工具。AMOS 可检验数据是否符合所建立的模型，并进行模型探索，逐步建立最适当的模型。

（1）初始模型分析和假设检验。使用 AMOS7.0 软件，依照样本数据结构和研究假设，构建初始模型并运行，得到变量的路径系数、拟合系数等结果，初始结构模型见图 6.3。

图 6.3 由技术变迁的六个维度和企业战略转型升级绩效的两个维度构成主要框架，显示了测量因子（指标）间的关系。模型运行时，使用设置残差项的方法消除了所有的内生变量间、外生变量间的相关关系。图 6.3 中，观测变量对因子的因子载荷最小值为 0.6，各误差项的值均为 "+"，表示模型的界定正确。初始模型的验证情况如表 6.9 所示。

表 6.9　初次拟合结构模型和假设检验值

路　径	非标准化路径系数	S. E	C. R	标准化路径系数	P 值	假设验证 Y/N
ETP<---MT	−0.270	0.088	−3.069	−0.242	0.002	N
ETP<---WF	0.408	0.092	4.418	0.375	＊＊＊	Y
ETP<---SM	0.005	0.109	0.049	0.004	0.961	N
ETP<---OS	0.470	0.118	3.974	0.333	＊＊＊	Y
ETP<---SC	0.164	0.089	1.851	0.145	0.064	Y
ETP<---MS	0.131	0.090	1.468	0.114	0.142	N
TCP<---MT	0.120	0.049	2.445	0.159	0.015	Y
TCP<---WF	0.168	0.051	3.277	0.228	0.001	Y
TCP<---SM	0.273	0.069	3.968	0.292	＊＊＊	Y
TCP<---OS	0.332	0.073	4.572	0.346	＊＊＊	Y
TCP<---SC	0.226	0.056	4.022	0.292	＊＊＊	Y
TCP<---MS	0.494	0.072	6.844	0.632	＊＊＊	Y

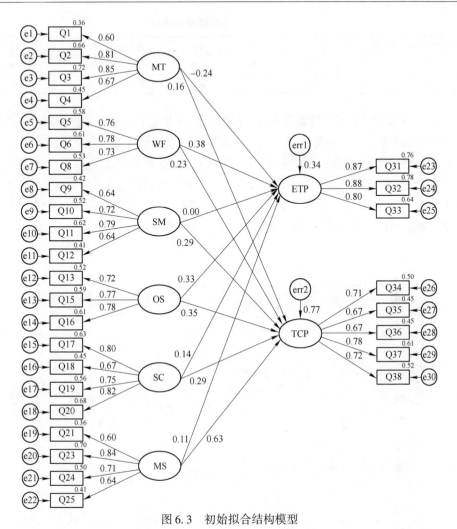

图 6.3 初始拟合结构模型

（e1～e30 分别表示内生、外生变量的误差项，err1～err2 代表误差变量；Q1～Q25 为技术变迁
各维度的评价指标；Q31～Q38 表示企业战略转型升级绩效的评价指标）

表 6.9 中，各因子的标准化路径系数值多数为正且达到显著，说明大多数的理论假设得到了支持。但制造技术与企业转型升级绩效的路径系数为－0.242，说明这两者之间存在负相关关系，原假设没有得到支持。服务方式对转型升级绩效的路径系数为 0.004，管理体系对转型升级绩效的路径系数为 0.114，两条路径的影响显著度不高（0.961、0.142），因此这两条假设也没有得到支持。

尽管模型数据和假设基本保持一致，但模型的拟合指数并不理想，RMSEA、CFI 两项没有达到要求（见表 6.10）。说明模型还需要释放一些变量条件或删除路径达到优化模型的结果，下文要进一步修正模型。

表 6.10　初始模型适配度检验

拟合指标	CMIN/DF	RMSEA	CFI	GFI	TLI	PNFI	PGFI
值	1.483	0.054	0.917	0.815	0.908	0.710	0.689
参考标准	<3	<0.05	>0.9	>0.9	>0.9	>0.5	>0.5

（2）模型修正。使用逐渐进入法，根据表 6.11 中的 C.R 值，按照绝对值从小到大的顺序逐个删除。每删除一条，运行一次程序，直到删除完所有 C.R 绝对值小于 1.96 的路径。最终，删除了 ETP<---SM、ETP<---MS 两条路径，建立 e8 和 e9、e19 和 e20 关联，使模型中所有路径的 C.R 值大于 1.96，说明都达到了显著水平。修正模型见图 6.4，修正后的模型路径分析见表 6.11。调整模型的各项拟合指标得到了优化，且都已经达到标准（见表 6.12），故认为修正后的模型为最终模型。

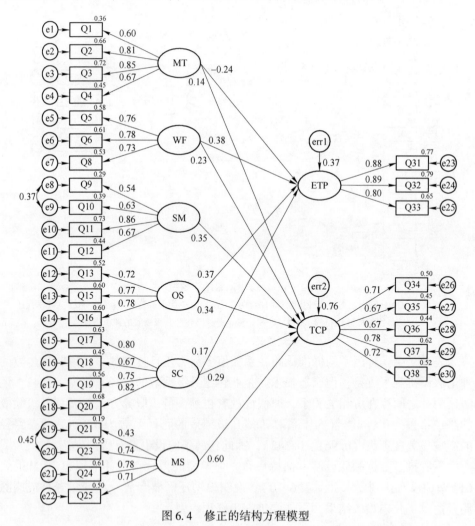

图 6.4　修正的结构方程模型

表 6.11　修正模型和假设检验

路径	非标准化路径系数	S. E	C. R	标准化路径系数	P 值	假设验证 Y/N
ETP<---MT	−0.276	0.088	−3.122	−0.243	0.002	N
ETP<---WF	0.421	0.093	4.524	0.380	＊＊＊	Y
ETP<---OS	0.531	0.119	4.456	0.373	＊＊＊	Y
ETP<---SC	0.194	0.090	2.169	0.168	0.030	Y
TCP<---MT	0.109	0.049	2.207	0.145	0.027	Y
TCP<---WF	0.171	0.052	3.297	0.233	＊＊＊	Y
TCP<---SM	0.375	0.087	4.338	0.354	＊＊＊	Y
TCP<---OS	0.318	0.072	4.440	0.338	＊＊＊	Y
TCP<---SC	0.222	0.056	3.952	0.291	＊＊＊	Y
TCP<---MS	0.525	0.085	6.208	0.601	＊＊＊	Y

表 6.12　修正模型的适配度检验

拟合指标	CMIN/DF	RMSEA	CFI	GFI	TLI	PNFI	PGFI
值	1.391	0.049	0.933	0.824	0.925	0.722	0.697
参考标准	<3	<0.05	>0.9	>0.9	>0.9	>0.5	>0.5

6.4　结论与启示

本章整合企业战略转型升级和技术变迁理论，对重污染企业战略转型升级的技术变迁路径进一步的探讨。在第 4 章问卷的基础上增加了对业务和管理技术变迁的测量，对重污染企业展开实证研究，构建结构方程模型验证了技术变迁影响企业战略转型升级绩效的作用机理。表 6.13 是对本章假设验证结果的汇总。

表 6.13　本章假设验证结果

假设编号	假　　设	是否获得支持
H7a	企业制造技术变迁与转型升级绩效存在正相关	不支持
H7b	企业制造技术变迁与技术变迁绩效存在正相关	支持
H8a	生产流程改善与转型升级绩效存在正相关	支持
H8b	生产流程改善与技术变迁绩效存在正相关	支持
H9a	服务方式转变与转型升级绩效存在正相关	不支持
H9b	服务方式转变与技术变迁绩效存在正相关	支持
H10a	组织结构重构与转型升级绩效存在正相关	支持
H10b	组织结构重构与技术变迁绩效存在正相关	支持

续表6.13

假设编号	假　　设	是否获得支持
H11a	合理的人员构成与转型升级绩效存在正相关	支持
H11b	合理的人员构成与技术变迁绩效存在正相关	支持
H12a	管理体系再造与转型升级绩效存在正相关	不支持
H12b	管理体系再造与技术变迁绩效存在正相关	支持

从结果来看，本章的绝大多数假设得到了支持。但是，MT<---ETP 间的路径系数为负，与上文的假设相反。另外，ETP<---SM 和 ETP<---MS 两条路径也没有得到验证。以下是对结果的分析和相关建议，并对下文的研究进行了展望。

（1）生产技术变迁对重污染企业战略转型升级绩效的影响（H7a、H7b）：生产技术的变迁对重污染企业转型升级绩效有负向影响。导致该结果的原因可能是，重污染企业自主创新能力不强，主要通过合作、并购等途径更新原有技术。引进技术的前期投入较大，且存在很高的转化成本。另外，重污染企业将这些技术转化为高竞争的产品可能也存在一定障碍。

生产技术的变迁对技术变迁绩效有正向影响。说明企业可以通过增加创新投资提升技术能力，在技术引进的基础上引导企业信息化升级。TCP<---MT 的路径系数较低，说明企业技术吸收、积累能力的能力还有待提升，这是解决重污染企业"高投入、低效率"、核心技术缺失等问题的关键。

（2）生产流程改善对重污染企业战略转型升级绩效的影响（H8a、H8b）：生产流程对转型升级和技术变迁绩效的正向作用得到了验证。两条路径系数分别为0.380和0.233，由此可以推断生产流程的自动化、信息化发展是实现产业升级的主攻方向，"两化融合"能够带动重污染企业的转型升级，并显著地提升企业绩效。

（3）服务方式转变对重污染企业战略转型升级绩效的影响（H9a、H9b）：服务方式与转型升级绩效的路径不显著，没有支持原假设。说明参与调查企业的服务方式转变对转型升级绩效的影响较小。该结论有悖于企业"服务化"的转型方向，对重污染企业转型升级部署发出警示。一方面服务化战略可能提高顾客忠诚、提升企业满意度，激发企业非物质化，并由此产生可观的市场绩效；另一方面，"产品+服务"损害了重污染企业产品的差异化竞争，对经营绩效产生不利的影响。其中可能的原因是，当前重污染企业服务化主要以改善产品的附加服务为主，是企业营销策略调整的表征。在选择服务内容上对服务和产品的嵌入性考虑不够，并未将产品和服务进行整合，并不存在真正意义上的战略转型升级。

另外，服务方式对技术变迁绩效的正向作用得到了验证。随着全球化竞争和需求多样化，服务方式的智能化变革是必然方向。信息交互、网络平台的搭建为精细生产和个性化服务提供支撑，是重污染企业利益最大化的主要途径。

（4）组织结构、人员构成的技术变迁对战略转型升级绩效的影响（H10a、H10b、H11a、H11b）：实证结果显示，组织结构的人员构成的技术变迁对转型升级和技术变迁绩效有正向的作用。转型升级中这两个环节是协同发生的，提高企业能力并实现商业模式转型升级很大程度上依赖员工参与和组织内部的协调。目前已有不少研究验证了企业家、高层团队对转型升级绩效的影响，如领导的变迁意识、变革激励和引导等。组织结构的扁平化、网络化发展对提升业务流程效率至关重要，是企业绩效增长的主要驱动。企业信息化提高了对员工技术能力、专业素养的要求，学习和创新能力强的员工更能应对企业的变化。

（5）管理体系再造对企业战略转型升级绩效的影响（H12a、H12b）：管理体系对转型升级绩效的显著度过低，说明该变量对转型升级绩效的意义没有获得广泛的肯定。目前重污染企业转型升级处于初级阶段，多数企业仍集中资源在技术升级阶段，战略转型升级尚未推进至管理体系环节。由技术生产到产品/服务转化再到管理体系的发展需要相当长的时间，形成标准化、专业化的管理体系并创造企业绩效需要的更长的时间。

相反地，管理体系对技术变迁绩效有非常显著的正向影响（路径系数0.601）。可能的原因是，很多重污染企业认为管理体系变革或商务模式转型升级是一种理念或文化的转变，这与技术变迁的绩效有着密切的关系。只有在这样的管理体系下，重污染企业才能够获得较高的技术利益。

6.5 本章小结

技术变迁是重污染企业战略转型升级的重要途径之一，本章构建技术变迁与转型升级绩效的理论模型，采用结构方程模型的方法，结合实证数据揭示了重污染企业技术变迁与战略转型升级绩效的关系。结果显示，生产流程、组织结构、人员结构的技术变迁对战略转型升级绩效有积极影响作用，但生产技术对转型升级绩效有负向作用，服务方式和管理体系对转型升级绩效没有明显的影响。说明现阶段技术变迁的经济转化存在一定障碍，盲目的技术引进、吸收和积累能力较低是可能的主要问题。

不同重污染行业技术变迁运行过程和机制不同，对企业绩效，尤其是技术变迁绩效的衡量有不同的准则，需要更进一步探索技术变迁内涵、运行机理并在此基础是构建更加完善的评价体系。重污染企业战略转型升级绩效的提升的关键是如何实现高效率的技术变迁，也就是说，如何合理地将企业技术变迁资源分配到生产、管理、运营等各转型环节，是企业系统整体升级和获得绩效先决条件。技术变迁既是转型升级动因也是方法，对其内涵、运行机制、预测和模拟需要在下文中进一步的探索。

参 考 文 献

［1］胡春亚.基于方差膨胀因子的衰老矿井通风系统优化指标体系的研究与应用［D］.北京：中国矿业大学，2016.

［2］胡挺，毛蕴诗.价值网络视角的房地产业转型与创新——以万达商业模式演进为例［J］.产经评论，2013，4（6）：38～46.

［3］Malone T W, Weill P, Lai R K, et al. Do some business models perform better than others? ［R］. MIT Sloan Working Paper, 2006.

［4］Zott C, Amit R. Business model design and the performance of entrepreneurial firms［J］. Organization Science, 2007, 18（2）：181～199.

［5］王翔，李东，张晓玲.商业模式是企业间绩效差异的驱动因素吗？基于中国有色金属上市公司的 ANOVA 分析［J］.南京社会科学，2010（5）：20～26.

［6］赵文红，梁巧转.技术获取方式与企业绩效的关系研究［J］.科学学研究，2010，28（5）：741～746.

［7］李军峰，龙勇，杨修苔.质量管理在制造技术与企业绩效中的中介效应检验——基于 bootstrap 的结构方程分析［J］.科研管理，2010，31（2）：74～85.

［8］李继学，高照军.信息技术投资与企业绩效的关系研究——制度理论与社会网络视角［J］.科学学与科学技术管理，2013，34（8）：111～118.

［9］Retzer S, Yoong P, Hooper V. Inter–organizational knowledge transfer in social networks：A definition of intermediate ties［J］. Information Systems Frontiers, 2012, 14（2）：343～361.

［10］Bayus B L, Erickson G, Jacobson R. The financial rewards of new product introductions in the personal computer industry［J］. Management Science, 2003, 49（2）：197～210.

［11］Cho H J, Pucik V. Relationship between innovativeness, quality, growth, profitability, and market value［J］. Strategic Management Journal, 2005, 26（6）：555～575.

［12］He Z L, Wong P K. Exploration vs exploitation：An empirical test of the ambidexterity hypothesis［J］. Organization Science, 2004, 15（4）：481～494.

［13］吴晓云，张欣妍.企业能力、技术创新和价值网络创新与企业绩效［J］.管理科学，2015，28（6）：12～26.

［14］Tanriverdi H. Information technology relatedness, knowledge management capability, and performance of multibusiness firms［J］. MIS Quarterly, 2005, 29（2）：311～334.

［15］Neely A, Najjar M A. Management learning not management control：the true role of performance management［J］. California Management Review, 2006, 48（3）：101～114.

［16］Wei Z L, Yang D, Sun B, et al. The fit between technological innovation and business model design for firm growth：Evidence from China ［J］. R&D Management , 2014, 44（3）：288～305.

［17］Gallouj F, Windrum P. Services and services innovation［J］. Journal of Evolutionary Economics, 2009, 19（2）：141～148.

［18］李忆，司有和.组织结构、创新与企业绩效：环境的调节作用［J］.管理工程学报，2009，23（4）：20～26.

［19］ Alegre J, Chiva R. Assessing the impact of organizational learning capability on product innova-
      tion performance: An empirical test ［J］. Technology innovation, 2008 (28): 315~326.

［20］ 刘海建, 周小虎, 龙静. 组织结构惯性、战略变革与企业绩效的关系: 基于动态演化视
      角的实证研究 ［J］. 管理评论, 2009, 21 (11): 92~100.

［21］ Razafind R, Ambinins D, Sabran A. The impact of strategic corporate social responsibility on
      operating performance: An investigation using data envelopment analysis in Indonesia ［J］.
      Journal of Business Studies Quarterly, 2014, 6 (1): 68~78.

［22］ Lane Koka, Pathak. The reification of absorptive capacity: A critical review and rejuvenation of
      the construct ［J］. Academy of Management Review, 2006, 31 (4): 833~863.

［23］ Liu W P, Yang H B, Zhang G X, et al. Does family business excel in firm performance? An
      institution-based view ［J］. Asia Pacific Journal of Management, 2012, 29 (4): 965~987.

［24］ 邱泽国. 中国制造管理体系及商业模式研究 ［J］. 哈尔滨商业大学学报 (社科版),
      2013 (6): 96~104.

［25］ 中国装备制造业发展报告 (2016) ——装备制造业蓝皮书 ［M］. 北京: 社会科学出版
      社, 2016.

［26］ 汪长江. 企业战略内涵与体系研究——构建战略优势视角下的梳理 ［M］. 杭州: 浙江大
      学出版社, 2014.

［27］ 王岚, 莫凡. 制造业服务化转型模式研究——以海尔集团为例 ［J］. 现代管理科学,
      2017 (4): 51~53.

［28］ 吴明隆. 结构方程模型——AMOS 的操作与应用 ［M］. 重庆: 重庆大学出版社, 2010.

7　重污染企业技术变迁式转型升级模式的运行效果和运行效率评价

2013 年始，我国服务业占 GDP 产值已赶超制造业，经济呈现结构性转型的趋势，脱离了以往大幅扩张带动存量优化的增长方式，企业经营模式、盈利模式将发生根本性转变。在需求结构调整及竞争加剧的背景下，重污染企业迫切需要通过战略转型升级寻找新可持续发展模式。

针对重污染企业技术落后并处于全球价值链低端的现状，本书认为技术变迁是实现重污染企业战略转型升级重要契机。政府提出的"两化融合""互联网+""中国制造 2025"等一系列指导计划，一方面肯定了制造业在国家转型升级中的主体地位，另一方面也验证了以技术变迁为路径的主要思路。由此可见，重污染企业转型升级的根本路径是：充分依靠互联网、大数据、云计算等信息技术，以技术变迁为支点促使企业系统全面升级、重塑价值链体系，使重污染企业在国际市场上保持强劲的竞争力。

对战略转型升级效果的研究主要从核心竞争力动态能力和全球价值链的角度进行。从价值链的角度切入，重污染企业转型升级是由低价值链的低附加值端向高附加值端转变；提高企业核心竞争力并获得市场地位，重污染企业需借助技术变迁迈向更具获利能力的资本和技术密集型经济领域；重污染企业转型升级实际上是企业转型升级能力的升级，这可以看作动态能力的发展过程。现有文献的研究中尚未形成可用于衡量重污染企业转型升级效果的指标体系[1~4]，对技术变迁路径的研究也主要停留在利用生物进化的演化方法、计算机仿真模拟对技术创新过程模拟的阶段。在信息化趋势的影响下，有不少中国学者提出技术创新是推动企业转型升级主要因素[5,6]，但是在转型升级绩效评价时主要将内容限定在：企业流程升级、产品升级、技术创新、资源优化配置、绿色环保以及跨行业升级上。很少有研究将技术变迁作为转型升级路径进行研究，从这个角度评价战略转型升级绩效的研究也几乎没有。

建立评价指标体系是转型升级绩效研究的第一步，对战略转型升级研究的深化具有重要的意义。更具体的，如何进一步地分解转型升级过程，细化转型升级内容并结合科学方法提取指标、实施评价，是弥补现有研究中的空白的主要思路。本章的研究也将从这个方向展开，结合转型升级理论及实证，以重污染企业技术变迁为路径提取绩效指标，建立战略转型升级的评价指标体系。

7.1 重污染企业转型升级评价的研究模型的构建

7.1.1 技术变迁主导下的重污染企业转型升级过程分析

当前重污染企业的发展模式是高污染、高能耗、粗放型的模式，战略转型升级的主要目的是将其彻底转变为低污染、低能耗、集约型、高竞争的模式。技术变迁，是重污染企业技术能力不断提升的过程，是重污染企业从生产劳动密集型低附加值产品向生产高附加值的资本或技术密集型产品转化的过程。也就是说，重污染企业可以通过技术吸收或积累、自主研发、技术跨越（战略联盟、产学研合作、并购）等方式实现 OEM-ODM-OBM 的转变，并开展适用于多元化市场的产品竞争。

根据第3章构建的战略转型升级过程模型（图3.7），战略转型升级过程是重污染企业通过技术引入、吸收、利用，对企业经营、运营模式进行改变，影响组织结构并促进企业人员的行为、思维、能力提高，从而改变重污染企业的整体行为并达成企业目标。结合图3.4和图3.5的描述，计划循环和实施循环构成了战略转型升级的主体内容。由于转型升级是企业状态和工作流程的变化，由此构建的技术变迁 BTMC 模式（图3.8）。BTMC 模式将转型升级分解为两个部分，即业务技术和管理技术变迁。业务技术变迁的主要环节有生产技术、生产流程和服务方式，而组织结构、人员构成、管理体系（文化与愿景）组成了管理技术变迁的环节。为了更直观地体现战略转型升级的结构模型，明确转型升级绩效评价的思路，本书将上述过程的描述纳入统一的框架之中，具体内容如图7.1所示。

根据本书对技术变迁内涵的阐述，尽管业务技术和管理技术变迁的实施过程存在层次和递进结构，但显然不能把这两个层面所包含的六个技术变迁维度分配到转型升级的计划循环或实施循环中去。因为技术变迁是始终贯穿于转型的两个实施循环中的，各环节的变迁行为环环相扣、相互影响形成了类似环状的运行机制。也就是说，技术变迁运行不能按照战略转型升级计划与实施的阶段划分。这对转型升级绩效评价造成了难题，因为战略转型升级进程和技术变迁运行出现了两个划分的标准。这两种不同的机制特征增加了转型指标提取的难度，使绩效评价出现了两种逻辑思路：（1）技术变迁—转型升级绩效；（2）技术变迁计划—技术变迁实施—转型升级绩效。前者是以技术变迁为战略转型升级的路径，而后者是将技术变迁行为作为战略转型升级计划的主要内容。显然，这两种思路不能纳入同一个理论体系，因此本书需要构建两种不同的指标体系进行战略转型升级绩效评价。

7.1.2 重污染企业战略转型升级绩效评价模型的构建

由上文对战略转型升级过程的分析可知，转型升级绩效评价应包含两方面的内容：其一是对重污染企业系统各层面技术变迁而引发的绩效变化的过程进行建模。这里由于技术变迁是战略转型升级的路径，所以指标的提取应从技术变迁内

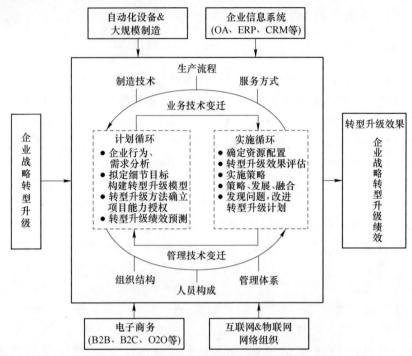

图 7.1　基于技术变迁的战略转型升级的整合过程

涵和机理中获取思路。其二是将具有递进的、两阶段特征的技术变迁作为战略转型升级的内容，对与其相关的行为转变而导致的重污染企业绩效的变化进行刻画和衡量。从技术变迁定义和相关文献 [7] 中获得思路，这实际上是对技术变迁过程实施效率的评价。因为这个过程是将技术变迁作为细分后的阶段变量（计划阶段和实施阶段），也就是说需要破解技术变迁"黑箱"，对整个过程进行分解并提取评价指标。这与学者对技术创新效率评价的描述基本一致。例如，不少学者将高技术产业研发过程分为技术开发和成果转化两个阶段，对创新过程进行了细化[8]；"灰化模型"[9] 将重污染企业研发创新过程分为两个前后相连的子阶段，可以考察每个子阶段对系统效率的影响；企业运行效率、创新效率都可以用这种思路进行评价，设前一阶段产出为后一阶段的投入，不但体现了子过程间的相互联系，更能够掌握各阶段间的数量关系[10]。由此可见，第二个方面的绩效评价就是对技术变迁过程进行的效率评价。

综上所述，本书构建如图 7.2 所示的重污染企业转型升级绩效评价的理论模型。企业的绩效评价研究共分为两个部分：首先按照前文对技术变迁机理分析，从六个技术变迁子维度提取评价指标，构建转型升级效果（绩效）评价的指标模型。为增加指标体系的科学性，使用粗糙集模型对指标体系进行和评价优化，最终从评价结果中总结得出适合重污染企业转型升级的指导意见。其次按照路径效率评价的思路，构建一种模糊的两阶段模型对重污染企业转型升级进行效率评价。突破了传统 DEA 评价模型的过程"黑箱"，考虑了转型升级过程中指标间相互联系及分配结构，实现了对重污染企业转型升级过程的拟合和效率评价。这部分的具体研究内容将在下文体现。

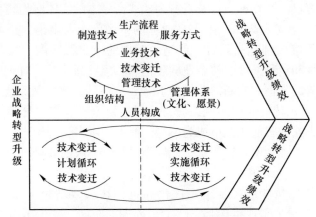

图 7.2　基于技术变迁的战略转型升级绩效评价模型

7.2　重污染企业战略转型升级评价指标体系的构建

7.2.1　重污染企业转型升级指标的提取

由第 3 章的分析可知，以技术变迁为主线的战略转型升级主要包括业务和管理两个层面。转型升级将同时在生产技术、生产流程、服务方式、组织结构、人员构成和管理体系六个方面开展，突出以上过程中技术变迁路径的主线和导向作用，对关键机制进行界定提取指标。

（1）生产技术。生产技术变迁的实现路径是技术的智能化、网络化和数字化。重污染企业生产效率提升与生产技术升级和信息化的植入相关。技术升级一方面可以通过直接引进技术和设备来实现，另一方面可通过自主创新突破制约企业转型升级的核心技术。该路径上的主要评价指标包括自动化生产线、CAM 数控工序、信息化车间作业和信息跟踪管控。

（2）生产流程。生产流程中技术变迁的主要任务是提高流程效率和降低总成本，这是重污染企业最为重视的目标。重污染企业信息化能力测评体系包括信息化建设、信息化应用与信息化绩效[11,12]，生产流程的信息化建设使流程更具效率、更加灵活。它使重污染企业能够第一时间同步消费需求的转变，并帮助构建企业物联网。信息技术植入能简化传统流程，智能化生产更有利于资源的优化整合和高效配置，驱动企业向绿色低碳方向转变。生产流程提取的指标有：信息化生产计划、信息化配送、信息化外协监管。

（3）服务方式。新环境下的客户需求更趋于多样化、智能化和个性化。服务化战略能保证企业成熟和稳定的发展，例如一些安装和维护服务需求会维持相当长的时间[13]。与以往不同的是，重污染企业应通过必要的支持技术和资源为客户提供集成的解决方案，而非通过某类产品获得竞争优势[14]。尽管传统服务方式的固有优势仍然存在，但消费者行为模式由原本的实体购物转变为借助电子商务进行线上体验。对成功开展 B2C 业务的重污染企业来说，企业服务方式应与外部环境和系统内部产品设计、制造、营销的全过程匹配。顾客需求的多样性、市场复杂性和竞争强度驱使企业构建信息收集反馈体系，对企业利润、市场份额和竞争优势的掌握和判断需要借助 ERP、云终端、物联网等技术。这为重污染企业向 O2O 模式转变和门店网络管理、供应链管理、客户管理等提供了有力支持，使服务方式的智能化变革成为可能。综上，本书认为销售信息系统、客户信息收集与反馈系统和网络销售系统能够衡量转型升级的效果。

（4）组织结构。组织结构优化是战略转型升级的支撑和动力来源，组织结构要与转型升级测量相匹配，组织优化和重构在绩效增长上发挥了巨大的作用[15]。技术变迁减少了信息传播、存贮、处理的时间，减少了组织内部交易费用，组织结构向扁平化、网络化、虚拟化变迁。当然，为组织结构变迁的关键岗位配置合理的人员，能够保证战略转型升级的有效推进。构建学习型组织，项目团队的建设有利于提升重污染企业员工技术能力和专业素养。组织结构的评价指标主要包括信息技术与网络组织、扁平式结构、学习型组织和项目团队建设。

（5）人员构成。战略转型升级实施的效果，在很大程度上取决于关键岗位是人员的选择和人员的能力。技术变迁一方面降低了人工投入，另一方面提高了对高学历、高技能人才的需求。具备信息技术能力和相关资质能够适应重污染企业转型升级的要求，具备岗位责任感和事业心能帮助企业构建一种不断创新的氛围。企业组织具有滞后性和惰性的特点，关键岗位选择活动性强并具有创新思维的员工能够解决组织结构固化、滞后和惰性问题，使转型升级过程尽快向前推进。其主要指标包括信息化水平、创新人才数量和人员多能工化。

（6）企业管理体系。重污染企业业务流程转型升级的主要内容是管理体系的全面智能化升级。管理体系的技术变迁路径是深化信息技术的集成应用，发挥其支撑和引领作用加速新旧技术的转换，完善管理体系的可操作性，确保企业与新的管理机制相适应并保证其有效落实。除了实现制造企业常用的 ISO9000 - 9004 质量管理体系、ISO14000 环境管理体系、ISO27000 信息安全管理体系和 OHSMS 职业健康安全管理体系等之外，精益的管理方式尤其适用于重污染企业的管理方式变革。管理体系中的技术、资源和信息流的高效配合保证企业转型升级绩效的实现，而构建客户管理体系有利于企业经营协调和合作，是产品（服务）高附加值的保障。由此可见，管理体系主要的评价指标有：ISO 等管理体系、客户管理体系和精益管理。

7.2.2 战略转型升级评价指标体系的构建

重污染企业转型升级评价指标选取应遵循科学性、代表性、全面性、可靠性、可获得性的原则：（1）重污染企业涉及的生产、经营和管理的指标很多，而这些指标在一定程度上也影响着企业转型升级绩效。应避免将过多的因素融入指标体系，这容易导致评价复杂且不易获得结果。因此，应选取具有概括性、逻辑关联性的技术变迁代表性的指标。要较强、较全面的反映技术变迁路径运行和对战略转型升级影响。（2）应选取在不同企业中普遍可获得的指标，得出的评价指标体系可以适用于大多数的重污染企业。指标应能够被描述和合理的量化，数据采集比较直接和准确，而且不存在歧义。（3）重污染企业转型升级会随着时间演变和发展，构建的指标体系并不是一成不变的。因此指标体系应该在横向和纵向上都有一定的可调整性和可延续性。

本书通过对14家上市重污染企业开发部、成本部营销部经理和转型升级负责人访谈获得评价指标框架，并以衡量战略转型升级的效果为标准构建评价指标体系。战略转型升级考核的重点为企业技术和管理体系的升级状况，因此指标提取主要考核上述两个方面。战略转型升级是企业系统的整体升级，综合企业战略部署和跨部门、跨业务环境，转型升级关键指标应涉及制造、生产、服务、组织、人员和管理体系6个一级指标和18个二级评价指标，最终构建的重污染企业转型升级评价指标见表7.1。

表7.1 重污染企业战略转型升级指标评价体系

一级指标 A	二级指标 a	指标性质
生产技术	自动化生产线 a_1	定性
	CAM 数控工序 a_2	定性
	信息化车间作业计划/信息管理系统 a_3	定性
	信息跟踪管控 a_4	定性
	信息化生产计划 a_5	定性
生产流程	信息化配送 a_6	定性
	信息化外协监管 a_7	定性
	销售信息系统 a_8	定性
服务方式	客户信息收集反馈系统 a_9	定性
	网络销售率 a_{10}	定量
	信息技术与网络组织 a_{11}	定性
组织结构	扁平式结构 a_{12}	定性
	学习型组织和项目团队建设 a_{13}	定性

一级指标 A	二级指标 a	指标性质
人员构成	信息化和创新人才 a_{14}	定量
	人员多能工化 a_{15}	定性
	ISO 9000、ISO14000、ISO27000 a_{16}	定性
管理体系	CM a_{17}	定性
	精益管理 a_{18}	定性

7.3　战略转型升级评价的粗糙集方法

7.3.1　粗糙集方法

粗糙集（rough set）理论是波兰 Pawlak 教授于 1982 年提出的一种能够定量分析处理不精确、不一致、不完整信息与知识的数学工具[16]。该理论处理问题最主要的特点是无需提供问题所需处理的数据集合之外的任何先验信息，因此对问题的不确定性描述和处理具有客观性[15]。粗糙集理论应用的核心基础是从近似空间导出的一对近似算子，即上近似算子和下近似算子（又称上、下近似集)[17]。目前基于粗糙集的应用研究主要集中在属性约简、规则获取、粗糙集的计算智能算法拓展等领域。属性约简是一个 NP-Hard 问题，许多学者进行了系统的研究[18~20]。基于粗糙集的约简理论为数据挖掘提供了有效的方法，通过等价关系的划分来求得上下近似，从而实现属性的约简，得到简化后的属性集，而约简后属性的重要性可以视为属性在属性集中的权重[21]。

7.3.2　数据的离散化

表 7.1 中评价指标的属性按其性质可以划分为定性指标和定量指标。构建评价体系首先使用下面两种离散化的方法对各指标进行预处理。

（1）定性指标的离散化。对于定性指标的离散，本书结合搜集的企业资料，最终采用专家打分法确定。评价等级如下：$V = \{V_1, V_2, V_3, V_4, V_5\} = \{$优，良好，中等，一般，较差$\}$

（2）定量指标的离散化。对于定量指标的离散，可以采用等宽度区间法。以网络销售率 a_{10} 为例，令该指标最优值为 H，最差值为 L，区间个数设定为 $n = 5$。该取值区间有相等的宽度以 w 表示，则有公式

$$w = (H - L)/n$$

由此可确定指标取值如表 7.2 所示。

表7.2 网络销售率 a_{10} 取值表

取值区间	$[L,\ L+W)$	$[L+2W,\ L+3W)$	$[L+3W,\ L+4W)$	$[L+3W,\ L+4W)$	$[L+4W,\ H]$
取值	1	2	3	4	5

同理可得其他定量指标的离散化取值，本书不再逐个列举。数据越优则取值越大，反之则越小。

7.3.3 基于粗糙集的战略转型升级评价模型

步骤1 建立重污染企业转型升级的评价指标体系（见表7.1）。

步骤2 数据获取及信息系统的构建。

将转型升级评价指标设为信息系统 $S=(U,\ A,\ V,\ f)$，其中 $U=\{U_1,\ U_2,\ \cdots,\ U_{|U|}\}$ 为企业合集；$A=(a_1,\ a_2,\ \cdots,\ a_{|A|})$ 为属性集合，即转型升级评价指标集合。$V=UV_a$，其中 $a\in A$，V_a 为属性 a 的值域；$F:\ U\times A\to V$ 为信息函数，对于 $\forall a\in A$，$\forall x\in U$，$f(x,\ a)\in V_a$，获得参与转型升级评价的企业 x 在指标 a 下的得分。

步骤3 冗余指标的约减。对于转型升级评价信息系统 $S=(U,\ A,\ V,\ f)$，存在冗余评价指标的情况。进行评价之前首先进行冗余属性的约减，步骤如下：

（1）计算对象集合 U 在等价关系 ind (A) 下的下近似 $\mathrm{pos}_{\mathrm{ind}}(A)(U)$；

（2）计算属性集 A 中剔除的某一属性 a_j（$a_j\in A$）后，在等价关系 ind $(A-a_j)$ 下的下近似 $\mathrm{pos}_{\mathrm{ind}(A-\{a_j\})}(U)$，其中 $j=1,\ 2,\ \cdots,\ |A|$；

（3）如果 $\mathrm{pos}_{\mathrm{ind}}(A)(U)=\mathrm{pos}_{\mathrm{ind}(A-\{a_j\})}(U)$，则 a_j 属于属性 A 中的冗余属性，可以进行约减。反之，若 $\mathrm{pos}_{\mathrm{ind}}(A)(U)\neq\mathrm{pos}_{\mathrm{ind}(A-\{a_j\})}(U)$，则 a_j 是属性 A 中必要的，所有必要属性的交集元素构成属性 A 的核 $\mathrm{core}_{\mathrm{ind}(A)}(U)$。其中 $j=1,\ 2,\ \cdots,\ |A|$。

进行属性约减后得到新的信息系统 $S'=(U,\ A',\ V,\ f)$，其中 A' 表示指标体系中必要属性的属性集合，即必要评价指标。

步骤4 各必要评价指标的权重计算。

（1）对于新的信息系统 $S'=(U,\ A',\ V,\ f)$，a_j（$a_j\in A'$）对必要属性集合 A' 的重要性为：

$$\mathrm{sig}_{A'}^{(a_j)}=\frac{|A'\cup\{a_j\}|}{|A'|}$$

其中 $|A'|=|\mathrm{IND}(A')|$。假定 $U/\mathrm{IND}(A')=U/A'$，那么 $|A'|=|\mathrm{IND}(A')|=(|a_1|^2+|a_2|^2+\cdots+|a_n|^2)$。

（2）对于每个必要评价指标 a_j 进行归一化处理，得到属性 a_j（$a_j\in A'$）在 A' 中的权重：

$$\omega(a_j) = \frac{\mathrm{sig}(a_j, \ A')}{\sum\limits_{j=1}^{|A'|} \mathrm{sig}(a_j, \ A')}$$

其中 $\omega(a_j)$ 表示第 j 个评价指标的权重，$j=1$，2，…，$|A'|$。

步骤5　计算重污染企业转型升级得分。企业转型升级评价采用 n 个专家组成的评价小组，利用以下公式计算企业在第 k 个专家人评价下的得分：

$$t_{ik} = \sum\limits_{j=1}^{|A'|} V_{ij} \omega(a_j)$$

式中，V_{ij} 表示第 i 个企业在第 j 个评价指标下的得分；$\omega(a_j)$ 表示第 j 个评价指标的权重；t_{ik} 表示第 i 个企业在专家 k 评价下的分数。

步骤6　企业转型升级评价综合得分。重复上述步骤，计算各企业在 n 个专家评价下的得分。对各专家评价取平均值得到综合得分：

$$T_i = \frac{1}{n} \sum\limits_{k=1}^{n} t_{ik}$$

式中，T_i 表示第 i 个企业转型升级评价的最终得分；$i=1$，2，…，$|U|$；$k=1$，2，…，n。

7.3.4　实证检验

使用表7.1中的重污染企业转型升级评价指标体系对14家上市制造企业的转型升级效果进行测试，并拟邀请7名专家参与评价来确定各企业的转型升级表现。某专家评价得到的信息系统 $S=(U, A, V, f)$，见表7.3。

表7.3　某专家的转型升级评价信息系统

	a_1	a_2	a_3	a_4	a_5	a_6	a_7	a_8	a_9	a_{10}	a_{11}	a_{12}	a_{13}	a_{14}	a_{15}	a_{16}	a_{17}	a_{18}
x_1	4	5	3	5	2	3	4	1	3	1	4	4	2	4	3	2	4	3
x_2	1	2	2	3	3	3	1	5	1	4	1	5	5	2	1	1	3	4
x_3	2	1	5	4	4	2	3	5	5	5	5	3	2	4	2	4	5	5
x_4	2	3	3	1	4	2	5	5	5	5	3	1	1	5	3	3	5	2
x_5	1	2	2	3	3	1	1	5	1	4	1	5	3	2	1	1	4	3
x_6	2	3	4	1	4	2	5	5	5	5	2	1	1	5	3	3	5	2
x_7	2	1	5	4	4	2	3	5	5	5	5	3	2	4	2	4	4	5
x_8	1	2	2	3	3	1	1	5	1	4	1	5	2	2	1	1	3	4
x_9	2	3	5	1	4	2	5	5	5	5	2	1	1	5	3	3	5	2
x_{10}	4	5	3	5	2	3	4	1	3	1	4	4	2	4	3	2	4	3
x_{11}	3	4	4	3	1	5	4	2	4	5	5	3	3	1	5	4	5	2	1
x_{12}	2	3	3	1	4	2	5	5	5	5	3	1	1	5	3	3	5	2
x_{13}	4	5	3	5	2	3	4	1	3	1	4	4	2	4	3	2	4	3
x_{14}	2	1	5	4	4	2	3	5	5	5	5	3	2	4	2	4	5	5

对评价指标进行约简：

$$\mathrm{pos}_{\mathrm{ind}(A)}(U) = \{x_i \mid i = 1, 2, \cdots, 14\}$$

若存在 $\mathrm{pos}_{\mathrm{ind}(A)}(U) = \mathrm{pos}_{\mathrm{ind}(A-\{a_j\})}(U)$，则说明该指标可以进行约简。由于 $\mathrm{pos}_{\mathrm{ind}(A-\{a_2\})}(U) = \mathrm{pos}_{\mathrm{ind}(A-\{a_5\})}(U) = \mathrm{pos}_{\mathrm{ind}(A-\{a_{10}\})}(U) = \mathrm{pos}_{\mathrm{ind}(A-\{a_{13}\})}(U) = \mathrm{pos}_{\mathrm{ind}(A-\{a_{14}\})}(U) = \mathrm{pos}_{\mathrm{ind}(A-\{a_{17}\})}(U) = \mathrm{pos}_{\mathrm{ind}(A-\{a_{18}\})}(U) = \{x_1, x_2, x_3, x_4, x_5, x_6, x_7, x_8, x_9, x_{10}, x_{11}, x_{12}, x_{13}, x_{14}\}$，则说明指标 a_2，a_5，a_{10}，a_{13}，a_{14}，a_{17}，a_{18} 是评价体系中的冗余指标，可以进行约简。得到新的评价信息系统 $S' = (U, A', V, f)$，其中 $A' = \{a_1, a_3, a_4, a_6, a_7, a_8, a_9, a_{11}, a_{12}, a_{15}, a_{16}\}$。

根据上文步骤 4、5 计算指标权重（见表 7.4），并得到了企业转型升级评价的综合得分，如表 7.5 所示。

表 7.4 转型升级评价指标权重

评价指标	a_1	a_3	a_4	a_6	a_7	a_8	a_9	a_{11}	a_{12}	a_{15}	a_{16}
权重	0.072	0.178	0.125	0.125	0.211	0.144	0.063	0.052	0.111	0.182	0.165

表 7.5 14 家企业的转型升级表现综合得分

企业	x_1	x_2	x_3	x_4	x_5	x_6	x_7	x_8	x_9	x_{10}	x_{11}	x_{12}	x_{13}	x_{14}
得分	3.01	2.88	4.12	2.77	2.60	3.10	3.74	2.66	3.11	2.79	3.20	3.08	2.60	2.57

如表 7.5 所示，x_3、x_7、x_{11} 分别为转型升级表现排名前三的企业。这三家重污染企业转型升级具有如下的特点：（1）重污染企业转型升级的实施年限少于 5 年，成立了专门的战略转型升级项目组，构建了基本完善的战略转型升级计划；（2）以经营模式转型升级为主要内容，主张企业服务化升级；（3）技术和设备部分引入，其他的技术变迁内容通过企业自主研发承担。结合其他企业的战略转型升级内容，可知多数制造重污染企业转型升级的主要任务是进行企业系统的整体信息化升级。从经过约简的战略转型升级评价指标体系可判断，当前重污染企业战略转型升级的主要路径是技术变迁，即加快信息技术在企业系统中深度植入和融合。该结论也与上文的论断相契合。

7.3.5 结果讨论

技术变迁是当前战略转型升级的主要路径，构建战略转型升级评价指标体系是完善转型升级研究的主要步骤。本章使用粗糙集方法对战略转型升级评价指标进行约简，结合选取的重污染企业案例有如下的论断：

（1）对上文构建的战略转型升级过程模型和技术变迁模式进行了验证，结合重污染企业的转型升级现状对技术变迁路径的内涵和机理进一步的延伸和推导。

（2）在此基础上构建了重污染企业转型升级评价指标体系，使用粗糙集对评价指标进行约简，优化了评价体系，使该指标体系更加科学和准确，并同时计算了各指标权重。

（3）实例验证了该转型升级评价体系的有效性，能够较为全面地体现重污染企业转型升级绩效，并再次肯定了技术变迁作为战略转型升级主要路径的正确性。

必须说明的是，该评价体系还存在诸多缺陷。转型升级过程的复杂性和长期性决定了该体系单一性，专家打分也存在一定误差。战略转型升级的案例取自制造行业，且数量比较局限，今后还需增加样本的数量，并逐步拓展到其他行业的重污染企业转型升级研究。

战略转型升级评价指标体系的构建完成了转型升级绩效评价的一部分内容，即从技术变迁为转型升级路径的角度考虑，对战略转型升级的效果进行分析。为进一步拟合本书提出的战略转型升级过程模型，将进一步地对转型升级过程进行分解和阐述，构建效率评价模型来进行下一步的深入探究。

7.4　重污染企业转型升级效率评价

国内理论界对企业效率的研究大多以企业的技术创新效率、经营效率或运营效率为主体内容，几乎没有学者提出转型升级效率评价或相关的思想。提高重污染企业转型升级绩效的首要前提是对其过程进行客观建模，并对其效率进行有效的评价。只有对战略转型升级效率做出准确和科学的评价，才能发现并解决重污染企业转型升级过程中的问题，才能进一步的提高绩效。上文构建的战略转型升级指标体系对技术变迁路径运行机理的描述较为细致，但显然不能拟合文章提出的战略转型升级过程，尤其是不能体现转型升级过程中计划和实施循环的两阶段特征。

由于重污染企业创新过程的投入与产出基本是不同量纲和多变量的，因此要测量其绝对效率的困难很大。对相对效率的评价学者们最常使用的方法是数据包络模型（DEA）。DEA 是著名运筹学家 Charnes 和 Copper 创建的，多投入和多产出的多个相同类型的决策单元的效率评价方法。这种方法多用于效率评价，不需要设置任何权重假设，由决策单元的实际数据求得最优权重[22]。DEA 方法排除了很多主观因素，具有很强的客观性。因此，用 DEA 方法可以计算重污染企业转型升级的效率。

对重污染企业绩效进行 DEA 评价时，大多数的研究采用整体评价法，不满足前文对转型升级过程的划分。将转型升级过程当作"黑箱"研究，其前提是默认以技术变迁为转型升级主要内容的运行过程是绝对有效的，但这种设置显然不适用于本书对战略转型升级绩效评价提出的要求。效率评价的主要目的是对所选重污染企业的战略转型升级绩效水平进行全面评价，同时发现转型升级过程中的薄弱环节并提供改善的建议，提高转型升级绩效。对战略转型升级过程的分解并在此基础上进行效率评价，不但能够弥补单阶段评价的缺陷，更能增加企业应对各种战略转型升级风险的能力，为重污染企业长期的、可持续发展提供强有力的保障。

综上所述，本书构建一种模糊两阶段模型，从上文 14 家重污染企业中选择其中具有转型特殊性和代表性的 7 家企业进行效率评价。该模型突破了传统 DEA 评价方法的过程"黑箱"，考虑了战略转型升级过程中指标间相互联系及分配结构，实现了对重污染企业转型升级过程的拟合和效率评价。模糊集代替原始数据改善了资源投入可变对转型升级效率值的不利影响，评价结果具客观性，为重污染企业转型升级部署提供了参考。

7.4.1　重污染企业转型升级的两阶段过程划分

本书提出，战略转型升级过程可分解为转型升级计划、转型升级实施两个阶段。相续的两个子阶段的相互联系不能看作简单的投入产出的线性过程，应表现为要素持续影响的链式过程。第二阶段的输入不仅由第一阶段输出构成，还需要考虑来自第一阶段的共享投入。考虑重污染企业对转型升级投入的不确定性及指标间的相互影响，引入模糊数来增加结果的有效性，本书提出了共享转型升级资源的模糊两阶段模型。该模型考虑了转型升级要素流动的非线性特征，能够更准确地模拟制造企业的转型升级过程。引入三角模糊数避免了样本效率无效的情况，为改进转型效率、验证转型升级路径提供准确的参考。

重污染企业从转型升级思考到实施转型升级进行了一系列复杂活动，其中计划循环和实施循环阶段是整个过程的重点。计划循环即重污染企业转型升级的准备阶段，其过程中的投入直接决定企业是否能够继续进行下一阶段的工作。从整体路径来看，转型升级准备（计划循环）阶段获得的结果，是转型升级实施（实施循环）阶段的前提，转型升级过程具有明显的两阶段链式特征。

第一阶段：重污染企业制定转型升级目标、配置企业资源的阶段。从重污染企业转型升级的三大路径经营、运营和营销模式转型升级，以及可提取的定量指标考虑，该阶段主要是通过 R&D 经费、组合和人员投入而获取新产品/项目数、产品服务化满意指数的过程。该阶段主要体现了企业进行转型升级准备期的初期运营转变。

第二阶段：转型升级成果收获阶段，即经济效益增加阶段。战略转型升级的最终目的是使重污染企业获得新的利润增长能力，因此衡量该阶段转型升级效率的输出应选取相关的经济指标。新产品/项目数是一个增量指标，能较为全面的反映 R&D 投入的成果[7]，也与重污染企业对实现技术变迁的实际操作相吻合。根据以往的实证研究，组织要素和员工开发对服务关系质量和服务关系稳定性有影响，并进一步与企业绩效相关联。另有研究指出，重污染企业服务化绩效的获得很大程度上依赖组织和人力资本投资与信息技术的引入[23,24]。因此，产品服务化满意度是获得转型升级收益的另一重要方面。转型升级实施阶段的效率评价就是企业转型升级实施效果的评估，是转型升级过程的最关键环节。两阶段转型升级过程如图 7.3 所示。

下面对图 7.3 所示的转型升级指标选取进行描述。

转型升级准备阶段：重污染企业转型升级过程可视作多投入和多输出的生产系

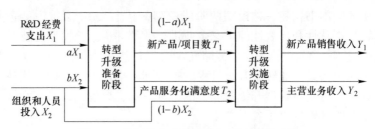

图 7.3　重污染企业转型升级的两阶段过程

统，转型升级内容的多重性和并行性决定了转型升级输入要素对结果的非线性影响。若第一阶段为转型升级资源配置的准备期，那么该阶段投入要素应体现技术变迁路径。近年来，除了肯定 R&D 投入对转型升级绩效积极影响外，不少学者也肯定了服务化战略对企业财务绩效的促进作用。组织与人员要素对重污染企业服务化战略绩效起关键作用[25~27]。基于以上分析可知，现阶段重污染企业战略转型升级的主要途径是产品+服务多元化竞争战略，那么 R&D 经费 X_1 和组织和人员投入 X_2 可作为该阶段投入指标。

转型升级准备阶段的产出是整个转型升级过程的中间产出，产出指标不仅满足投入的相关性要求，还应当排除其他因素的影响和制约。由各大企业年报分析可知，R&D 经费增加是新类产品项目产生的主要原因且不确定因素较少，因此可选择新产品/项目数 T_1 作为第一阶段的主要产出。此外，若选取组织和人员投入来定位企业的服务化转型升级方向，则产品服务化满意度 T_2 可以全面反映转型升级准备阶段的成果，且数据可以从企业年报中获取。

转型升级实施阶段：由于现阶段战略转型升级的主要策略是产品+服务多元化竞争战略，实施阶段的结果是企业经济盈利能力的提升，可选取新产品销售收入 Y_1（产品销售），主营业务收入 Y_2（产品服务）作为主要经济输出指标。转型升级是企业持续改进的可循环流，企业盈利能力、竞争能力的增加的前提是资源流的持续投入，也就是说准备期的投入不能出现间断。其中，R&D 经费 X_1 和组织和人员投入 X_2 将为企业带来转型升级收入。另外，新产品项目数 T_1、产品服务化满意度 T_2 可看作转型升级实施阶段的技术投入。

两阶段的制造重污染企业转型升级过程和指标提取、投入情况见图 10.3。需特别指出，R&D 经费 X_1 和组织和人员投入 X_2 是两个子阶段的共享资源，即共同投入指标。本书以 a，b 和（$1-a$），（$1-b$）在模型中表示在两个子阶段中的分配比例，a，b 作为参数在下文进行求解。

7.4.2　战略转型升级两阶段模型的构建

首先定义两阶段重污染企业转型升级模型中的各类参数及其范围区间。

定义 1　$F(R)$ 表示所有模糊数，设定 α^l，α^u 为上下边界。设定 $\alpha^m = \alpha^{m_1} = \alpha^{m_2}$，得到三角模糊数 $\tilde{\alpha} = (\alpha^l，\alpha^m，\alpha^u)$。

定义 2　在模糊数 $\tilde{A}$ 中，$\tilde{A}$ 可以用 α^l，α^m，α^u 来定义，即 $\tilde{\alpha} = (\alpha^l，\alpha^m，\alpha^u)$

$$u_{\tilde{\alpha}}(x) = \begin{cases} 0 & x \leqslant \alpha^l \\ \dfrac{x - \alpha^l}{\alpha^m - \alpha^l} & \alpha^l < x < \alpha^m \\ 1 & x \geqslant \alpha^m \end{cases} \tag{7.1}$$

$$EV(\alpha) = \frac{\alpha^l + 2\alpha^m + \alpha^u}{4} \tag{7.2}$$

定义 3 对于每个决策单元 DMU_i，有 2 项输入 $\tilde{x}_{1j}$，$\tilde{x}_{2j}$ 和 2 项输出 $\tilde{y}_{1j}$，$\tilde{y}_{2j}$（其中 $\tilde{x}_{1j}$，$\tilde{x}_{2j} > 0$，$\tilde{y}_{1j}$，$\tilde{y}_{2j} > 0$），第一阶段产出指标（即第二阶段投入指标）$\tilde{t}_{1j}$，$\tilde{t}_{2j}$（其中 $\tilde{x}_{1j}$，$\tilde{x}_{2j} > 0$，$\tilde{y}_{1j}$，$\tilde{y}_{2j} > 0$，$\tilde{t}_{1j}$，$\tilde{t}_{2j} > 0$）。

定义 4 $x = (\tilde{x}_{1j}, \tilde{x}_{2j})^T$，$y = (\tilde{y}_{1j}, \tilde{y}_{2j})^T$，$t = (\tilde{t}_{1j}, \tilde{t}_{2j})^T$ 记 $Y = [\tilde{y}_1, \tilde{y}_2, \cdots, \tilde{y}_n]$，$X = [\tilde{x}_1, \tilde{x}_2, \cdots, \tilde{x}_n]$，$T = [\tilde{t}_1, \tilde{t}_2, \cdots, \tilde{t}_n]$。

定义 5 转型升级投入指标权重可表示为 v_i（$i = 1, 2, \cdots, 4$）；转型升级产出指标权重表示为 u_r（$r = 1, 2, \cdots, 4$）；中间产出（投入）指标的权重可表示为 m_i（$i = 1, 2$）。

定义 6 θ_j 为企业整体转型升级效率，θ_j^1 为第一个阶段转型升级效率，θ_j^2 为第二阶段转型升级效率，且所有 θ 值限制在 $[0, 1]$ 的区间内。

选取 C^2R 模型式（7.3）来计算企业整体转型升级效率，另外使用改进的式（7.4）、式（7.5）两阶段模型计算两个转型升级阶段的效率值。

$$\begin{cases} \max\theta_0 = \dfrac{u_1 y_{10} + u_2 y_{20}}{v_1 a_0 x_{10} + v_2(1 - a_0)x_{10} + v_3 b_0 x_{20} + v_4(1 - b_0)x_{20}} \\ \text{s. t.} \\ u_1 y_{1j} + u_2 y_{2j} - v_1 a_j x_{1j} - v_2(1 - a_j)x_{1j} - v_3 b_j x_{2j} - v_4(1 - b_j)x_{2j} \leqslant 1 \\ u_1, u_2, v_1, v_2, v_3, v_4 \geqslant 0 \\ a_{\min} < a_j < a_{\max}, \ b_{\min} < b_j < b_{\max} \\ \theta_j = \dfrac{u_1 y_{10} + u_2 y_{20}}{v_1 a_j x_{10} + v_2(1 - a_j)x_{10} + v_3 b_j x_{20} + v_4(1 - b_j)x_{20}} \\ j = 1, 2, \cdots, N \end{cases} \tag{7.3}$$

将模糊数 $\tilde{x}_{1j}$，$\tilde{x}_{2j}$，$\tilde{y}_{1j}$，$\tilde{y}_{2j}$ 代入上式可得模糊两阶段模型式（7.4）：

$$\begin{cases} \max\tilde{\theta}_0 = \dfrac{u_1 y_{10} + u_2 y_{20}}{v_1 a_0 \tilde{x}_{10} + v_2(1 - a_0)\tilde{x}_{10} + v_3 b_0 \tilde{x}_{20} + v_4(1 - b_0)\tilde{x}_{20}} \\ \text{s. t.} \\ u_1 \tilde{y}_{1j} + u_2 \tilde{y}_{2j} - v_1 a_j \tilde{x}_{1j} - v_2(1 - a_j)\tilde{x}_{1j} - v_3 b_j \tilde{x}_{2j} - v_4(1 - b_j)\tilde{x}_{2j} \leqslant 1 \\ u_1, u_2, v_1, v_2, v_3, v_4 \geqslant 0 \\ a_{\min} < a_j < a_{\max}, \ b_{\min} < b_j < b_{\max} \\ j = 1, 2, \cdots, N \end{cases} \tag{7.4}$$

$$\begin{cases} \max\theta_0^1 = \dfrac{m_1 t_{10} + m_2 t_{20}}{v_1 a_0 x_{10} + v_3 b_0 x_{20}} \\ \text{s. t.} \\ m_1 t_{1j} + m_2 t_{2j} - v_1 a_j x_{1j} - v_3 b_j x_{2j} \leqslant 1 \\ m_1,\ m_2,\ v_1,\ v_2,\ v_3,\ v_4 \geqslant 0 \\ a_{\min} < a_j < a_{\max},\ b_{\min} < b_j < b_{\max} \\ j = 1,\ 2,\ \cdots,\ N \end{cases} \quad (7.5)$$

模糊的转型升级准备阶段模型式（7.6）：

$$\begin{cases} \max\tilde\theta_0^1 = \dfrac{m_1 \tilde t_{10} + m_2 \tilde t_{20}}{v_1 a_0 \tilde x_{10} + v_3 b_0 \tilde x_{20}} \\ \text{s. t.} \\ m_1 \tilde t_{1j} + m_2 \tilde t_{2j} - v_1 a_j \tilde x_{1j} - v_3 b_j \tilde x_{2j} \leqslant 1 \\ m_1,\ m_2,\ v_1,\ v_2,\ v_3,\ v_4 \geqslant 0 \\ a_{\min} < a_j < a_{\max},\ b_{\min} < b_j < b_{\max} \\ j = 1,\ 2,\ \cdots,\ N \end{cases} \quad (7.6)$$

$$\begin{cases} \max\theta_0^2 = \dfrac{u_1 y_{10} + u_2 y_{20}}{m_1 t_{10} + m_2 t_{20} + v_2(1 - a_0) x_{10} + v_4(1 - b_0) x_{20}} \\ \text{s. t.} \\ u_1 y_{1j} + u_2 y_{2j} - m_1 t_j x_{1j} - m_2 t_{2j} - v_2(1 - a_j) x_{1j} - v_4(1 - b_j) x_{2j} \leqslant 1 \\ m_1,\ m_2,\ v_1,\ v_2,\ v_3,\ v_4 \geqslant 0 \\ a_{\min} < a_j < a_{\max},\ b_{\min} < b_j < b_{\max} \\ j = 1,\ 2,\ \cdots,\ N \end{cases} \quad (7.7)$$

模糊的转型升级实施阶段模型式（7.8）：

$$\begin{cases} \max\tilde\theta_0^2 = \dfrac{u_1 \tilde y_{10} + u_2 \tilde y_{20}}{m_1 \tilde t_{10} + m_2 \tilde t_{20} + v_2(1 - a_0) \tilde x_{10} + v_4(1 - b_0) \tilde x_{20}} \\ \text{s. t.} \\ u_1 \tilde y_{1j} + u_2 \tilde y_{2j} - m_1 \tilde t_{1j} - m_2 \tilde t_{2j} - v_2(1 - a_j) \tilde x_{1j} - v_4(1 - b_j) \tilde x_{2j} \leqslant 1 \\ m_1,\ m_2,\ v_1,\ v_2,\ v_3,\ v_4 \geqslant 0 \\ a_{\min} < a_j < a_{\max},\ b_{\min} < b_j < b_{\max} \\ j = 1,\ 2,\ \cdots,\ N \end{cases} \quad (7.8)$$

对于模型中的共享资源投入及中间产出（投入）指标，其用于每个子过程的权重始终相同。实际过程中，可能存在权重调整的情况，但两阶段模型中指标权重相同更能体现其链式结构。另外，提取数据时应注意累积产出不能超过累积资源投入，否则违背了转型升级规律。最终得出的两阶段的转型升级效率模型为：

$$\begin{cases} \max\theta_0 = \dfrac{u_1 y_{10} + u_2 y_{20}}{v_1 a_0 x_{10} + v_2(1 - a_0)x_{10} + v_3 b_0 x_{20} + v_4(1 - b_0)x_{20}} \\ \text{s. t.} \\ u_1 y_{1j} + u_2 y_{2j} - v_1 a_j x_{1j} - v_2(1 - a_j)x_{1j} - v_3 b_j x_{2j} - v_4(1 - b_j)x_{2j} \leqslant 1 \\ u_1 y_{1j} + u_2 y_{2j} - v_2(1 - a_j)x_{1j} - m_1 t_{1j} - m_2 t_{2j} - v_4(1 - b_j)x_{2j} \leqslant 1 \\ m_1 t_{1j} + m_2 t_{2j} - v_1 a_j x_{1j} - v_3 b_j x_{2j} \leqslant 1 \\ m_1,\ m_2,\ v_1,\ v_2,\ v_3,\ v_4 \geqslant 0 \\ a_{\min} < a_j < a_{\max},\ b_{\min} < b_j < b_{\max} \\ j = 1,\ 2,\ \cdots,\ N \end{cases} \quad (7.9)$$

定理 1 若 $\theta_j^* = 1$，则 $\theta_j^{1*} = \theta_2^{1*} = 1$。其中 θ_j^*，θ_j^{1*}，θ_j^{2*} 分别是式（7.3）、式（7.5）、式（7.8）的最优解。

证明： 由式（7.3）、式（7.5）、式（7.8）模型分析可知，转型升级的整体效率可以看作两个子阶段的凸线性组合。若 $\theta_j^* = 1$，则一定存在 u_j^*，v_j^*，m_j^*，a_0^*，b_0^* 是模型（7.9）的最优解。tu_j^*，tv_j^*，tm_j^*，ta_0^*，tb_0^* 肯定也是式（7.9）的最优解，模型式（7.9）可化为：

$$\begin{cases} \min\theta_0 = \dfrac{u_1 y_{10} + u_2 y_{20}}{v_1 a_0 x_{10} + v_2(1 - a_0)x_{10} + v_3 b_0 x_{20} + v_4(1 - b_0)x_{20}} \\ \text{s. t.} \\ u_1 y_{1j} + u_2 y_{2j} - v_1 a_j x_{1j} - v_2(1 - a_j)x_{1j} - v_3 b_j x_{2j} - v_4(1 - b_j)x_{2j} \leqslant 1 \\ m_1 t_{1j} + m_2 t_{2j} - v_1 a_j x_{1j} - v_4(1 - b_j)x_{2j} \leqslant 1 \\ m_1 t_{1j} + m_2 t_{2j} - v_1 a_j x_{1j} - v_3 b_j x_{2j} \leqslant 1 \\ m_1,\ m_2,\ v_1,\ v_2,\ v_3,\ v_4 \geqslant 0 \\ a_{\min} < a_j < a_{\max},\ b_{\min} < b_j < b_{\max} \\ j = 1,\ 2,\ \cdots,\ N \end{cases} \quad (7.10)$$

再令 $qu = v$，$qv = \omega$，$qm = n$，$qa_0 = b_0$，$qb_0 = t_0$，$q = \dfrac{1}{u_1 y_{10} + u_2 y_{20}}$，得到两阶段模型：

$$\begin{cases} \min\theta_0 = \omega_1 a_0 x_{10} + \omega_2(1 - a_0)x_{10} + \omega_3 b_0 x_{20} + \omega_4(1 - b_0)x_{20} \\ \text{s. t.} \\ u_1 y_{1j} + u_2 y_{2j} - \omega_1 a_j x_{1j} - \omega_2(1 - a_j)x_{1j} - \omega_3 b_j x_{2j} - \omega_4(1 - b_j)x_{2j} \leqslant 1 \\ u_1 y_{1j} + u_2 y_{2j} - \omega_2(1 - a_j)x_{1j} - n_1 t_{1j} - n_2 t_{2j} - \omega_4(1 - b_j)x_{2j} \leqslant 1 \\ u_1 y_{10} + u_2 y_{20} = 1 \\ u_1,\ u_2,\ \omega_1,\ \omega_2,\ \omega_3,\ \omega_4,\ n_3,\ n_4 \geqslant 0 \\ a_{\min} < a_j < a_{\max},\ b_{\min} < b_j < b_{\max} \\ j = 1,\ 2,\ \cdots,\ N \end{cases} \quad (7.11)$$

最终得到的模糊两阶段企业转型升级效率模型：

$$
\begin{cases}
\min\theta_0 = \omega_1 a_0 \tilde{x}_{10} + \omega_2 (1 - a_0) \tilde{x}_{10} + \omega_3 b_0 \tilde{x}_{20} + \omega_4 (1 - b_0) \tilde{x}_{20} \\
\text{s. t.} \\
u_1 \tilde{y}_{1j} + u_2 \tilde{y}_{2j} - \omega_1 a_j \tilde{x}_{1j} - \omega_2 (1 - a_j) \tilde{x}_{1j} - \omega_3 b_j \tilde{x}_{2j} - \omega_4 (1 - b_j) \tilde{x}_{2j} \leqslant 1 \\
u_1 \tilde{y}_{1j} + u_2 \tilde{y}_{2j} - \omega_2 (1 - a_j) \tilde{x}_{1j} - n_1 \tilde{t}_{1j} - n_2 \tilde{t}_{2j} - \omega_4 (1 - b_j) \tilde{x}_{2j} \leqslant 1 \\
u_1 \tilde{y}_{10} + u_2 \tilde{y}_{20} = 1 \\
u_1, \ u_2, \ \omega_1, \ \omega_2, \ \omega_3, \ \omega_4, \ n_3, \ n_4 \geqslant 0 \\
a_{\min} < a_j < a_{\max}, \ b_{\min} < b_j < b_{\max} \\
j = 1, \ 2, \ \cdots, \ N
\end{cases}
\tag{7.12}
$$

确定了参数 a_j 和 b_j 的取值后，上述模型成为线性规划模型，两个参数的求解方法参见文献 [7, 10]，本书不作赘述。制造重污染企业转型升级效率评价的模糊两阶段 DEA 模型构建步骤如下：

步骤 1　使用式 (7.1)、式 (7.2) 将企业原始数据转化为三角模糊数；

步骤 2　利用式 (7.11)、式 (7.12) 计算企业各年度转型升级整体效率 θ_j 和改进的模糊转型效率 $\tilde{\theta}_j$；

步骤 3　对企业各年度转型升级准备阶段（$\tilde{\theta}_j^1$），转型升级实施阶段效率（$\tilde{\theta}_j^2$）进行评价，评价方法参见式 (7.6)、式 (7.8)。

步骤 4　最后对各企业转型升级两阶段的效率评价结果进行汇总，使用 Excel 工具绘制效率矩阵图描述企业转型的行为，并进行纵向、横向折线图对比分析。

7.4.3　案例分析

根据上文的分析，重污染企业转型升级尚处起步阶段，行业内以上市企业为代表已开始了不同程度的转型升级规划。为了尽量拟合图 7.3 战略转型升级的两阶段特征和保证效率评价的准确性，从上文 14 家企业中筛选出更具典型性和代表性的 7 家企业为样本，且这些企业同属重污染制造业，业务内容有较多的重叠。另外，由于企业在各地市场上的转型升级内容变现有所差异，实验中以样本企业在本地市场上的战略转型升级表现为依据。从 2012～2016 年企业年报及中国指数研究院（http：//industry. fang. com/）获取的财务数据作为原始数据。

基于模糊两阶段 DEA 模型的转型升级效率评价需要以模糊数代替原始数据，实验采取上文步骤 1 进行数据预处理。利用 Matlab. 2015 编写程序，实现上文步骤 2、3 中的模型，最终得出 7 家上市重污染企业的转型升级效率值及参数，如表 7.6 所示，2012～2016 各年度的重污染企业转型升级整体效率见表 7.7。

表7.6 重污染制造企业的转型升级效率评价结果

企业	θ_j	$\bar{\theta}_j$	$\bar{\theta}_j^1$	$\bar{\theta}_j^2$	a	b	规模效率
陕西煤业 样本1	1.0000	1.0000	0.7831	0.8869	0.3542	0.5362	crs
陕西黑猫 样本2	0.6995	0.8157	0.5296	1.0000	0.3929	0.7289	irs
金钼股份 样本3	1.0000	1.0000	0.8133	0.9054	0.4593	0.6578	crs
宝钛股份 样本4	0.4998	0.5341	0.4267	0.8263	0.5279	0.5182	irs
航天动力 样本5	0.7593	0.7157	0.5037	0.7285	0.5767	0.4569	crs
通源石油 样本6	无效	0.3217	0.2292	0.2994	0.3547	0.4811	crs
炼石有色 样本7	0.3929	0.4337	0.3951	0.9151	0.4487	0.5537	crs
均值	—	0.6887	0.5258	0.7945	0.4449	0.5618	—

表7.7 重污染企业2012~2016年模糊战略转型升级效率

年度	企 业						
	样本1	样本2	样本3	样本4	样本5	样本6	样本7
	$\bar{\theta}_j$	$\bar{\theta}_j$	$\bar{\theta}_j$	$\bar{\theta}_j$	$\bar{\theta}_j$	$\bar{\theta}_j$	$\bar{\theta}_j$
2012	0.7136	0.6902	0.7134	0.4754	0.5371	无效	0.4326
2013	0.7213	0.7021	0.8172	0.4930	0.6042	0.1556	0.5013
2014	0.9350	0.7457	0.9600	0.5527	0.6269	0.1572	0.4458
2015	1.0000	0.8015	0.9127	0.5532	0.6371	0.2377	0.4893
2016	1.0000	0.7534	1.0000	0.5132	0.6671	0.2189	0.4379

7.4.4 效率分析及评价

参照表7.6，模型（7.9）运算结果显示样本6处于DEA无效的状态。样本6存在的问题是企业挤压库存较多，运营效率低。转型升级路径的不明确导致了人力、财力、物力投入冗余，导致经济转化能力低的情况。引入模糊两阶段模型（7.12）后，不但消除了无效的效率值，且各DMU的总体转型升级效率值都有所提升，说明模糊的两阶段模型对传统模型有明显优化，适宜采用模糊的转型升级效率值进行分析。

　　综合实验结果，以转型升级总体效率值 0.5 来划分重污染企业转型升级的状况，除样本 6、样本 7 转型升级效率明显偏低之外，其余企业的整体转型升级效率值均大于 0.5。说明这些企业的战略转型升级的能力较强，资源配置能力较高。另外，本书还测试了各重污染企业的规模收益情况，结果显示企业大都处于规模收益不变状态。上市重污染企业在行业中属领先水平，处于规模收益不变或递增状态的企业大多具备高效的转型升级资源的配置能力。

　　转型升级总体效率均值 0.6887，高于该水平的企业是样本 1、样本 2、样本 3 及样本 5。转型升级准备阶段 θ 均值 0.5258，实施阶段 θ 均值 0.7945，准备阶段的效率值普遍低于实施阶段的效率值。这说明，重污染企业在战略转型升级初期就存在一些问题，例如很多企业没有明确的路径规划及资源配置计划，是整个战略转型升级过程的最薄弱环节。结合几家企业的实际情况和实验结果，以转型升级准备效率为横轴，实施效率为纵轴绘制了划分重污染企业转型升级类型的矩阵图，见图 7.4。

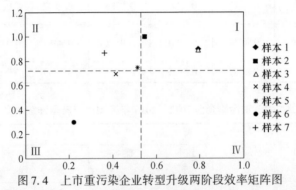

图 7.4　上市重污染企业转型升级两阶段效率矩阵图

　　图 7.4 以转型升级两阶段均值为界限，将样本企业划分为四类，分别处于四个象限。第一象限的企业转型升级两阶段的效率双高，说明这类企业不但实力强劲且具有相对成熟的战略转型升级规划。样本 1、样本 2 意图通过经营模式转型升级将企业经营拓展至下游产业链，即由单纯的生产制造转为供应链协调的经营模式。"工业 4.0"的数据交互能力使企业内外部构成一个整体，互联网作为一种广域的连接工具将供应链的上下游连接起来，"生产—销售—消费"模式使企业在市场上占有领先地位。处于第二象限的企业转型升级实施效率较高，但转型升级准备阶段的工作成果并不显著。参考第二象限企业在本地市场的表现，这类企业大多进行了营销模式转型升级，强调了服务化战略在转型升级的作用。虽然已获得较明显的利润成长，但尚缺少完善的系统转型升级规划。第三象限的企业转型升级表现较差，企库存高、运营效率低是该类型企业的普遍问题。使用成本管理、柔性制造、精益生产等措施能够降低企业成本，运营模式转型升级能改变企业利润水平不佳的状况。图 7.4 中没有处于第四象限的企业，本书不作赘述。

根据表7.7中的数据，以年份为横轴，战略转型升级效率为纵轴绘制折线图描述企业转型升级效率变化并进行对比分析，见图7.5。

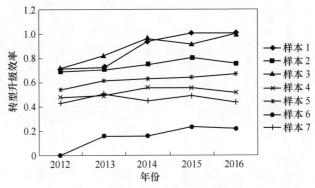

图7.5 2012~2016年企业转型升级效率变化折线图

图7.5所示的企业转型升级效率值可分为三个梯队。除样本6外，其余大部分企业转型升级表现良好，其中样本1、样本2、样本3转型升级效率尤为突出，为第1梯队。2013~2015年，样本1、样本3的转型升级效率上涨幅度达到30%左右，样本2上涨约12%，至2013年后效率才趋于稳定；第2梯队中，样本4、样本5转型升级效率大体呈稳定上升趋势，样本7转型升级效率极其不稳定；第3梯队中样本6转型升级效率从2013年起虽有较大起色，但与其他企业转型升级效率水平有较大差距，总体转型升级表现不佳。结合图7.4效率矩阵的划分，本书以样本1、样本2、样本6、样本7四家企业为转型升级代表，构建了2012~2016年各年的效率矩阵图来模拟重污染企业转型升级效率的变化，见图7.6~图7.9。

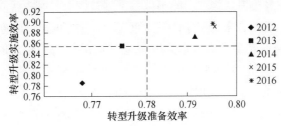

图7.6 样本1两阶段战略转型升级效率

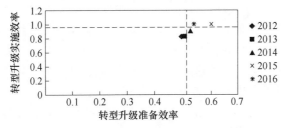

图7.7 样本2两阶段战略转型升级效率

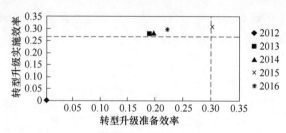

图 7.8 样本 6 两阶段战略转型升级效率

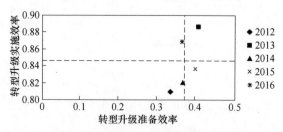

图 7.9 样本 7 两阶段战略转型升级效率

结合图 7.4 对上述四家企业的类型划分以及处于不同象限企业的战略转型升级策略部署，下面进行各企业转型升级效率变化的详细分析。

样本 1：重污染企业转型升级的两阶段效率双高，说明企业有相对完善的转型升级计划和充足的资源支持。2012～2015 年企业转型升级整体效率增幅大于 30%，且实施效率的增幅略优于转型升级准备效率。受需求结构调整和技术创新驱动的影响，以样本 1 为代表的第一象限企业（见图 7.4）规划了以经营模式为主导的战略转型升级路径。样本 1 提出 C2M（customer-to-manufactory）是重污染企业跟切实可行的战略转型升级模式，除了以自主创新技术实现产品创新、快速交货和连续补货能力外，更要在未来三年内搭建直接面向用户的电子商务平台。

图 7.6 中，企业转型升级效率后段增速明显放缓，且准备阶段效率增长尤为迟钝，说明企业现有战略转型升级的计划安排仍存在隐患。排除其他可能导致经济转化增加的因素，目前以 C2M 模式和新项目开发为引导的经营模式转型升级对企业资源消耗极大。经营模式进一步分化的本质是资本多样化，多元化的融资渠道能够解决企业资源供给不足的问题。

样本 2：企业处于图 7.4 中的一、二象限交汇处，转型升级两阶段的效率较高，但相比第一象限企业转型升级能力较低，未来战略转型升级仍有进一步拓展的空间。企业转型升级效率值呈缓慢上升趋势，与样本 1 存在类似的后半程转型升级效率增速放缓的问题。企业在 2016 年达到转型升级效率的峰值，随后一年效率值呈较明显的回落态势。2012～2016 年期间，样本 2 在加快去化、柔性制造提升运营效率方面取得显著成效。企业积极改善产品服务以改善存货结构，奠定了转型升级效率增长的基础。产品+服务的影响模式促进了企业市场绩效的增长，在去库存方面达到了显著的效果，但损害了与产品差异化相关联的经营绩效。因此，样本2在实施服务化战略的前三年，转型升级效率明显走高，但从后程转型升级实施效率表现乏力来看，服务化战略转型升级与加快去化的策略需进行协调。有不少制造企业盲目贯彻"微笑曲线"理论，认为企业应向曲线左右两侧延伸，即向附加价值高、利润空间大的研发和服务端上游移动。在这一思想指导下，企业开始走品牌化、服务化的道路。但这种营销模式转型升级的道路存在较大的风险，并非适用所有重污染企业。

样本6：图7.8中样本6企业2012～2016年间转型升级准备效率增长率为14.09%，而转型升级实施效率增幅极低仅为5.59%。自2012年开始实施多元化竞争战略后，企业新的产品组合项目于2013年面向客户，并为企业贡献了连续3年的利润增长。然而，自2013年转型升级两阶段效率达到双峰值后，转型升级效率转为持续下降状态，直至2015年底仍未见好转。根据上文的评价结果，样本6企业与其他样本企业的转型升级效率差距较大，总体转型升级效果不佳。结合该企业年报和相关数据发现，样本6实际并未提出完整战略转型升级计划，多产品线、多元化发展试水较为盲目，即使创造了一批新产品项目贡献了转型升级准备效率提升，但实际为市场的跟风行为，因此经济转化能力较低。对样本6这类国企而言，企业系统的专业化、信息化升级是头等大事，若企业不完成各分系统的整合，战略转型升级无从谈起。若转型升级效率呈稳定向上趋势，企业此时进行整合相对有利，即使整合过程会影响一部分的效率，也会被整体优势所弥补。

样本7：样本7属于第二象限的第2梯队企业（见图7.4、图7.5），转型升级水平属中等，转型升级实施效率高于准备阶段效率。图7.9显示该企业转型升级效率极不稳定，除2012～2013年转型升级效率激进增长外，其余时段效率水平值较低。企业转型升级的明显特征是，转型升级准备阶段的成果极不明显，即企业新项目数量及产品服务化满意度在转型升级期间没有明显改善。从企业本地市场的表现得出结论，企业以构建电子商务平台实现全新的营销模式，并达到了内部 ERP（enterprise resource planning）、MES（manufacturing execution system）直至 CRM（customer relationship management）的集成协同。电商数据的对接，如实时订单数据、需求预测数据等不但为企业柔性制造提供了依据，更是企业精准营销、快速营销的主要助力。"工业4.0"时代，满足客户个性化需求就是通过动态配置、信息共享完成面向订单的生产模式，企业营销模式的革命依赖于企业技术和解决方法的创新。电商营销模式引导的转型升级促使企业转型实施效率的显著增长，但整体效率频繁波动。受制于单一的营销转型升级策略，企业系统的整体升级尚需时日。

实证结果显示，重污染企业转型升级的主要内容由经营模式、运营模式、营销模式转型升级三类组成。信息技术变迁是实现企业转型升级目标的主要路径，技术创新的主要途径基本是依靠引进国外技术、设备来实现。重污染企业寻求新增长的主要机会仍然是产品+服务的战略，以信息技术为主要依托，未来重污染企业可以优先考虑将创新技术资源配置到如下几个领域内容：（1）供应链、价值链协同。企业 ERP、MES、CRM 三层企业集成模式，纵向一体化和供应链各环节数据和资源的共享，使供应链伙伴目标和战略一致。（2）重污染企业服务化。将服务作为企业经营的主题，不仅对原有产品功能进行完善，并使之贯穿产品开发设计、生产运营和管理等整个过程。对原有生产制造的经营业务范进行扩张，使企业具备多元化的竞争能力，从而创造更高的商业价值[28,29]。（3）电子商务，制造互联网化。产业价值链延伸使企业向前端研发和后端服务双向发展。企业传统商务模式和互联网融合发展，搭建电子商务平台为客户提供一站式的消费模式。从大数据中获得客户需求开始，对零售、分销、生产、设计进行逆向改造，在此过程使企业产品设计、生产方式、管理理念、甚至原材料发生彻底的转变，使技术变迁始终贯穿于整个系统。

综上，提高重污染企业的转型升级效率势在必行。目前尚未形成完善的制造重污染企业转型升级理论框架，依托国内先进转型升级理论建立科学体系是首要任务。

7.5　转型升级效率评价的相关结论

（1）基于重污染企业转型升级过程的模糊两阶段模型突破了"黑箱"阶段的盲目性，考虑了子阶段的相关联系和资源分配结构，通过设置共享资源指标实现了对转型升级链式结构过程的拟合和效率测度。运用模糊集代替原始数据对不确定条件下相互影响的资源投入进行了组合测试，改变了企业资源计划的各种不确定性，同时考虑了转型升级指标的相互影响，避免了人为确定权重带来的偏差，具有较强的客观性。实验得出的两阶段转型升级效率未发现转型升级无效率环节，构建重污染企业转型升级框架提供了参考。

（2）案例分析的结果表明：陕西省重污染企业转型升级效率整体偏低，无论是准备阶段还是实施阶段都存在较大的提升空间。转型升级准备期是整个转型升级过程的薄弱环节，多数企业在该阶段存在目标不明、路径规划混乱、资源协调能力低等问题。转型准备的无效工作导致了企业转型升级两阶段效率双低的状况，说明重污染企业转型升级是具有链式结构的系统转变过程，单一环节的调整不能称之为转型升级。样本 1、样本 2、样本 3 的效率值高于其他企业，结合其转型升级现状说明以技术变迁带动企业经营模式和运营模式转型升级是较易获得成功的转型升级路径。

（3）需要说明的是，尽管指标提取尽可能地拟合了转型升级特殊性，但得出的转型升级效率仍然存在误差。重污染企业转型升级是外部环境因素和企业内部系统的共同作用，其复杂性是模拟该过程的主要障碍。另外，共享资源的参数分配是根据两阶段模型得出的最优分配，引入模糊数据消除了不确定性，但与企业资源的实际分配仍有差距。重污染企业面临危机的背景下，企业转型升级过程分解和效率测度具有现实意义，为企业转型升级的系统规划提供了参考。

（4）根据上文提出的战略转型升级过程模型和技术变迁 BTMC 模式，本书构建了重污染企业转型升级绩效评价的理论模型。模型中，战略转型升级绩效评价由转型升级评价的指标体系和基于技术变迁过程的效率评价两部分组成。基于该理论模型的实证研究表明，重污染企业转型升级具有两阶段的特征，且技术变迁路径是重污染企业战略转型升级现实有效的途径。尽管该评价模型实现了对战略转型升级过程"黑箱"的破解，科学地验证了技术变迁对转型升级绩效的重要作用，但仍有较大的改善空间。战略转型升级过程的复杂性来源于技术变迁中各维度运行，这种运行是组织内部复杂的、交互作用循环流动的过程。各维度的技术变迁既相互独立性又具有交互影响性。技术变迁的深刻变革使战略转型升级更加动态和虚拟，只有实现对技术变迁运行的模拟，才能有效地提高转型升级绩效。

7.6　本章小结

本章在第 5 章研究的基础上，进一步地对战略转型升级绩效进行评价。本章构建了转型升级绩效评价的指标体系，并基于战略转型升级的两阶段特征构建了效率评价模型。通过对重污染企业转型升级的实证研究，刻画了制造企业技术变迁与战略转型升级绩效间的路径。这一研究为揭示制造企业转型升级过程和运行机制进行了具有创新性的探索，为构建完善的战略转型升级研究体系和战略转型升级管理实践提供了一定的借鉴。

参 考 文 献

[1] Ibrahim Cil, Yusuf S. Turkan. An ANP-based assessment model for lean [J]. Int J Adv Manuf Technol, 2013, 64: 1113~1130.

[2] Jagdish Rajaram, Jadhav S. S, Mantha, Santosh B. Rane. Development of framework for sustainable Lean implementation: an ISM approach [J]. J Ind Eng Int, 2014, 10: 72.

[3] 贵文龙，张福兴，李军，等. 中小制造业精益变革过程绩效评价指标权重研究 [J]. 科技管理研究，2014（2）：36~40.

[4] 王玉燕，林汉川，吕臣. 重污染企业转型升级战略评价指标体系研究 [J]. 科学进步与对策，2014, 34（15）：124~127.

[5] 黄永明，何伟，聂鸣. 全球价值链视角下中国纺织服装企业的升级路径选择 [J]. 中国

工业经济, 2006 (5): 56~63.

[6] 符正平, 彭伟. 集群企业升级影响因素的实证研究 [J]. 广东社会科学, 2011 (5): 55~62.

[7] 冯志军, 陈伟. 中国高技术产业研发创新效率研究——基于资源约束型两阶段 DEA 模型的新视角 [J]. 系统工程理论与实践, 2014, 34 (5): 1203~1211.

[8] 肖仁桥, 钱丽, 陈忠卫. 中国高技术产业创新效率及其影响因素研究 [J]. 管理科学, 2012, 25 (5): 85~98.

[9] 党耀国, 董思林, 等. 灰色预测与决策模型研究 [M]. 北京: 科学出版社, 2009.

[10] 陈伟, 冯志军, 姜贺敏, 等. 中国区域创新系统创新效率的评价研究——基于链式关联网络 DEA 模型的新视角 [J]. 情报杂志, 2010, 32 (12): 24~29.

[11] 张天平, 蒋景海. 中小企业信息化进展的问题及对策 [J]. 吉林大学学报 (社会科学版), 2010 (3): 108~111.

[12] 张海涛, 靖继鹏. 企业信息能力: 内涵、维度与结构模型 [J]. 情报杂志, 2008 (12): 109~111.

[13] Gremyr I, Loefberg N, et al. Service innovations in manufacturing firms [J]. Managing Service Quality: An International Journal, 2010, 20 (2): 161~175.

[14] Marceau J, Martine C. Selling solutions: Product-service packages as links between new and old economics [C] // Proceeding of the DRUID summer conference on Industrial Dynamics of the New and old Economy-who is embracing whom? Copenhagen, 2002, 6.

[15] 汪长江. 企业战略内涵与体系研究——构建战略优势视角下的梳理 [M]. 杭州: 浙江大学出版社, 2014.

[16] 郑学敏. 一种基于粗糙集理论的多指标综合评价方法 [J]. 统计与决策, 2010 (5): 37~39.

[17] 王国胤, 姚一豫, 于洪. 粗糙集理论与应用研究综述 [J]. 计算机学报, 2009, 32 (7): 1229~1246.

[18] Stefanowski J, Ramanna S, Butz C J, et al. Rough sets, fuzzy sets, datamining and granular computing [J]. Proceedings of the 11th International Conference, RSFDG rC 2007. Toronto, Canada, 2007.

[19] Wang G Y, Li T R, Grzymala-Busse J, et al. Rough sets and knowledge technology [J]. Proceedings of the RSK T 2008. Chengdu, China, 2008.

[20] 张文修, 仇国芳. 基于粗糙集的不确定决策 [M]. 北京: 清华大学出版社, 2005.

[21] 杨传健, 葛浩, 汪志圣. 基于粗糙集的属性约简方法研究综述 [J]. 计算机应用研究, 2012, 29 (2): 16~20.

[22] 马占新, 马生昀, 包斯琴高娃. 数据包络分析及其应用案例 [M]. 北京: 科学出版社. 2013.

[23] 田毓峰. 制造业服务化中关系绩效影响因素研究 [J]. 科技管理研究, 2011 (4): 60~62.

[24] 肖挺, 聂群华, 刘华. 制造业服务化对企业绩效的影响研究——基于我国制造企业的经验证据 [J]. 科学学与科学技术管理, 2014, (4): 154~162.

[25] Mills J, Neaga E, Parry G, et al. Toward a framework to assist servitization strategy implementation [C] // POMS 19th Annual Conference, La Jolla, California, U. S. A, 2008.

[26] Antioco M, Moenaert R K, Lindgreen A, et al. Organizational antecedents to and consequences of service business orientations in manufacturing companies [J]. Journal of the Academy of Mar-

keting Science，2008，36（3）：337～358.

［27］ Kohtamaeki M，Partanen J，Parida V，et al. Non-linear relationship between industrial service offering and sales growth：The moderating role of network capabilities ［J］. Industrial Maketing Management，2013，42（8）：1374～1385.

［28］ Smith L，Maull INR. The three value proposition cycles of equipment-based service ［J］. Production Planning Control：The Management of Operations，2012，23（7）：553～570.

［29］ 冯峰，马雷，张雷勇. 两阶段链视角下我国科技投入产出链效率研究——基于高技术产业 17 个子行业数据 ［J］. 科学学与科学技术管理，2011，32（10）：21～26.

8 重污染企业产品组合策略选择与转型升级目标一致性研究

8.1 引言

在经济结构调整和市场竞争加剧的背景下，陕西省重污染企业的经营模式和运行机制正在发生转变，企业转型升级迫在眉睫。重污染企业期望通过加速转型升级获取持续竞争力，在资源限制和创新驱动下，采取产品组合策略达成企业的转型升级目标是一条有效的途径。

重污染企业进行产品组合以提供优于竞争对手的价值[1~3]，当前国内外产品组合策略的研究主要是使用数学模型对其经济价值进行定量描述，或使用计算机方法建立产品投资组合模型[4]。产品组合的价值通常由收益指标衡量，使用非线性规划模型对资源、技术配置并选择使目标函数最大化的产品组合策略是常见的研究方法。产品组合策略是企业转型升级的经济转化环节的主要内容[5]，价值链重构及新的竞争力形成得益于与产品组合对转型升级目标的贡献程度。多产品进行组合时存在复杂依赖关系，目标期望收益和风险指数会产生交互效应，因此也可引入数据包络模型测试组合的效率[6]。另外，构建由风险、收益、技术和战略等指标构成的产品组合评价指标体系，并使用 AHP（analytic hierarchy process，层次分析法）或 ANP（analytic network process，网络分析法）等方法进行评价，也是产品组合选择的科学方法[7,8]。不难发现，当前产品组合选择的研究已取得不少成果，但鲜有学者将企业转型升级与产品组合策略的匹配度进行评估，考虑转型升级期企业战略及竞争策略的转变，构建以转型升级目标为导向的产品组合策略选择模型具有重要意义。

重污染企业转型升级涉及两个重要内容：价值创新和工作流程重组[9~11]。重污染企业转型升级的主要动因是市场竞争加剧和创新驱动，成本下降、产品服务升级、渠道提升是当前转型升级的主要目标。以重污染制造业为例，多数企业已明确了其战略转型升级路径，正经历着由从 OEM 到 ODM 再到 OBM 的转型升级过程[12,13]。转型升级可分为产业相关转型升级和产业不相关转型升级两种，重污染企业的转型升级路径主要遵循商业模式创新的轨迹[14]，产品结构升级是当前转型升级的主要途径；产品组合策略表现为不同生命周期中不同产品的不同组合策略，其本质就是新产品选择、逐步替代老产品的过程，也就是以产品选择组合为载体来获取竞争优势，从而实现企业转型升级目标[15]。波特将企业竞争策略分为成本领先、差异化和目标聚集三种战略[16]，不同的产品组合是实现该三种战略的具体体现。对产品组合策略的探讨应建立在企业转型升级目标达成的基础上，并以此来实现企业系统的整体提升。此类研究常用的模型方法有 ANP、规划模型及相关定量模型。其中 Schnieder jans M、Fishburn 等学者提出的企业战略与产品选择的对应模型被大量文献引用[17,18]。这类定量数学模型对企业战略和项目的相关性进行描述，为重污染企业产品选择和战略策应研究提供了基础。另一类考虑资源投入的不确定性及产品相互影响性的研究主要通过 DEA 法实现。以指标衡量企业战略并引入 DEA 评价决策单元效率，具有较强的客观性，在项目决策和评价领域应用较为广泛。

尽管对重污染企业转型升级各形态的探索不少，但尚未涉及该过程中产品组合的选择问题。如何选择产品组合策略，是重污染企业转型升级中一项重要的决策。文献［19］指出，规模经济、向后一体化、质量管理等重污染企业传统竞争模式不足以保障企业的持续增长，开展以产品服务化为主体的业务转型升级是提高企业竞争优势和经济收益有效途径；文献［6］将模拟退火算法集成到项目组合选择模型中，证明了产品组合策略与企业战略的匹配性对组合收益产生正向影响。无论如何改变成本预算的约束条件，只要保证产品策略和战略目标的匹配度，就总能获得组合收益最大、组合成本最低的最佳产品组合；传统的创新关注产品开发，但这可能带来产品趋同性或投资收益递减[20]。基于技术升级的企业转型升级经常出现企业战略、产品及市场需求不匹配的情况[21]，将产品策略纳入转型升级内容将在很大程度上超越现有产品，获得新的利润增长[22]。

结合以上文献的论述，本书认为当前重污染企业转型升级价值难以体现的首要原因是产品组合策略与企业转型升级战略脱节。因此，本书引入转型升级目标一致性的概念，用以描述产品策略对转型升级目标的贡献程度，建立了基于转型升级目标的产品策略选择模型。构建了重污染企业转型升级评价指标体系，并使用 F-DEA（fuzzy-data envelopment analysis，模糊数据包络分析）法进行产品组合选择，通过实例验证了该模型的有效性，为重污染企业转型升级提供指导意见。

8.2 转型升级目标一致性

从产业组织的视角出发，重污染企业转型升级的内涵是以多元化战略提升企业竞争能力[23]。整个过程涉及技术、人才、产品品牌、组织结构、管理体系等方面的升级。本书讨论的企业转型升级目标分为产业相关型和产业不相关型两个目标，实现目标的途径是成功实施的产品组合策略。产业相关转型升级是指重污染企业的产品业务不脱离原产业，在原产品经营的基础上发展衍生业务；产业不相关转型升级是指重污染企业完全脱离原价值链，从事一个全新的、原来未曾涉及的产业，生产并经营一个完全不同类型的产品。需求结构调整的环境下，有不少重污染企业将"产品+服务"作为转型升级的主要方向，因为它可以提高顾客忠诚、提升企业满意度，激发企业非物质化，并由此产生可观的市场绩效[24]。然而，由于重污染企业在转型升级部署上对转型升级目标与产品组合策略的匹配性、嵌入性考虑不够，并未对两者进行整合，在转型升级的经济结果转化上还存在障碍。

因此，产品组合策略与重污染企业转型升级目标是否匹配能够反应重污染企业转型升级的效果。为衡量两者间的匹配程度进而为重污染企业转型升级提供实践参考，本书提出了转型升级目标一致性的概念。

定义 1   转型升级目标一致性，也称转型升级目标策应。是指产品组合满足重污染企业转型升级目标，并实现了重污染企业的竞争策略，从而达到提升重污染企业运营能力、盈利能力的效果。若产品组合后产生了价值增长并使企业获得经济和社会效益，则称该产品组合具有转型升级目标一致性。

重污染企业转型升级是由经验缺乏或价值缺失驱动的，为实现业务流程优化、核心技术开发、商业模式创新或动态的、柔性的组织文化而产生的一系列的改变行为。其中最主要的目标是获得持续的发展能力。若以经济转化能力来衡量转型升级的效果，则新的产品组合策略是转型升级内容的主体。产品组合策略与转型升级目标的一致性不仅仅体现利润和成本效益方面，还体现在新产品和服务、或新的价值传递能够使企业获得更突出的市场观念、客户满意度和忠诚度、资源优势、规模效益等一系列的非经济性的增长。

定义 2   转型升级目标一致性的大小表达了产品组合与转型升级目标的匹配程度，其度量方法是产品组合对转型升级目标的贡献值与重污染企业转型升级目标值的比值。

重污染企业转型升级目标可通过转型升级评价指标体现，不同的产品组合对企业转型升级目标的贡献不同，具体表示方法将在下文进行详述。

8.3   转型升级目标一致性下的产品组合策略选择模型

8.3.1   转型升级目标一致性度量

现实中进行产品组合时受资源约束包括成本、风险相关性、经济效益相关性影响。不同产品组合策略对转型升级目标的影响程度不同。现实中重污染企业产品组合是由不同产品或项目的排列构成，同时选择几个产品或项目会产生相互影响，既有由于资源约束而导致的竞争，也有项目之间的合作与依存关系[25]。

鉴于此，本书在 DEA 模型基础上构建产品组合策略的选择模型。数据包络分析是处理具有多输入和多输出的多目标决策问题的方法。重污染企业产品组合策略的选择可视作以成本为投入、以经济或非经济效益为输出的决策问题。DMU（decision making unit，决策单元）的有效性和效率值能够体现产品组合的经济效益，因此也可用于衡量是否与转型升级目标一致。该方法排除了许多主观因素，具有很强的客观性。根据重污染企业产品组合选择的特点，设置成本和转型升级目标一致性为输入指标，经济收益及社会收益为输出指标。计算结果中每个决策单元的输入、输出量和成功概率即风险大小。

产品组合是转型升级经济价值转换的初始环节，产品组合策略是企业价值传递方式转变的主要载体。以重污染企业转型升级的评价指标来衡量转型效果，当产品组合都能满足各指标的需求，则说明这种产品组合策略具有转型升级目标一致性，企业转型效果最佳。由此本研究报告提出如下假设：

假设 1 用转型升级评价指标体系衡量重污染企业转型升级目标达成情况，产品组合与各指标存在对应关系。

假设 2 产品组合策略的转型升级目标一致性与产品组合的收益呈正相关。

根据定义 2，转型升级目标一致性等于产品组合价值对转型升级目标的贡献值与企业转型升级目标值的比值。那么产品组合 i 的转型升级目标一致性 T_i 可表示为：

$$T_i = \frac{TS_i}{TS_{min}}, \quad T_i \geq 0 \tag{8.1}$$

式中，$TS_i = f((V_{i1}, I_1), (V_{i2}, I_2), \cdots, (V_{in}, I_n))$，$0 \leq TS_i < 1$，$V_{in} \in \{V_1, V_2, V_3, V_4, V_5\}$；$TS_{min} = f((x_1, I_1), (x_2, I_2), \cdots, (x_n, I_n))$，$0 \leq TS_{min} < 1$，$x_n \in \{V_1, V_2, V_3, V_4, V_5\}$。

式 (8.1) 中，TS_i 代表产品组合 i 对重污染企业转型升级目标的贡献值，TS_{min} 代表重污染企业转型升级目标值。若重污染企业转型升级目标可以分解为 n 个维度，表示为 $\{I_1, I_2, \cdots, I_n\}$，则在转型升级目标维度 I_n 上的最低转型升级要求为 x_n，x_n 可以表示为 V_1，V_2，V_3，V_4，V_5 共五个等级。产品组合 i 在目标维度 I_n 上的贡献为 V_{in}（用 V_1，V_2，V_3，V_4，V_5 等级描述）。

产品组合对转型升级目标的贡献值与重污染企业转型升级目标值由专家评价法确定。当 $T_i \geq 1$，表示该策略满足转型升级要求，采用该组合策略将增加收益；当 $0 \leq TS_i < 1$ 时，表示策略与转型升级目标有偏差，对输出收益没有正影响。构建的产品组合策略选择模型为：

$$\begin{cases} \max\theta_0 = \sum_{r=1}^{s} u_r y_{r0} \\ \text{s. t.} \\ \sum_{i=1}^{m} v_i x_{i0} = 1 \\ u_r, \ v_i \geq 0, \ r = 1, 2, \cdots, s; \ i = 1, 2, \cdots, m \\ u_1 y_{1j} + u_2 y_{2j} - v_1 a_j x_{1j} - v_2 b_j x_{2j} \leq 1 \\ u_1, \ u_2, \ v_1, \ v_2 \geq 0 \\ a_{min} < a_j < a_{max}, \ b_{min} < b_j < b_{max} \\ j = 1, 2, \cdots, N \end{cases} \tag{8.2}$$

对于每个决策单元 DMU$_i$，有 2 项输入 $\tilde{x}_{1j}$，$\tilde{x}_{2j}$ 和 2 项输出 $\tilde{y}_{1j}$，$\tilde{y}_{2j}$（其中 $\tilde{x}_{1j}$，$\tilde{x}_{2j} > 0$，$\tilde{y}_{1j}$，$\tilde{y}_{2j} > 0$）。v_i 为投入指标权重；u_r 为产出指标权重。θ_0 表示 DMU 效率。

当产品组合所投入成本不等于单个产品消耗之和的时候，说明产品组合间发生了资源的相互影响。同理，几种产品的组合对产出收益也有影响。这种收益的互相影响可能是正向的，也有可能造成负增长。当然，组合的成功概率也将随着产品排列组合而变化。举例说明，若同时选择 a、b 两个产品，则资源、收益、概率的相互影响值分别表示为：U_{ab}，V_{ab}^n，P_{ab}。综上，执行产品策略选择模型时，还要考虑产品间的相互影响，引入公式（8.3）：

$$
\begin{cases}
\min\theta = \displaystyle\sum_{j=1}^{n} Z_{jk} \\
\text{s. t.} \\
x_{ik} = \displaystyle\sum_{j=1}^{n} x_{ij}Z_{jk} + U_{ik} \; \forall\, i,\ k \\
y_{rk} = \displaystyle\sum_{j=1}^{n} Z_{jk}\Big(\sum_{j=1}^{n} p_{ij}Z_{ik}\Big)\Big[y_{rj} + \sum_{i=1}^{j-1} v_{ji}\Big(\sum_{j=1}^{n} p_{ij}Z_{ik}\Big)Z_{ik}\Big]
\end{cases}
\tag{8.3}
$$

式中，U_{ik} 代表同时选择产品 i，j 时投入指标的变化值；p_{ij} 是产品组合的成功概率。

8.3.2 产品策略选择模型

考虑重污染企业对产品投入的不确定性及指标间的相互影响，引入模糊数来增加结果的有效性，本书对投入指标进行模糊处理用于模拟产品选择过程。三角模糊数避免了 DMU 效率无效的情况，为定位产品组合策略与转型升级目标策应提供参考。

首先定义模型中的各类参数及其范围区间。

定义 3 $F(R)$ 表示所有模糊数，设定 α^l，α^u 为上下边界。设定 $\alpha^m = \alpha^{m_1} = \alpha^{m_2}$，得到三角模糊数 $\tilde{\alpha} = (\alpha^l,\ \alpha^m,\ \alpha^u)$。

定义 4 在模糊数 $\tilde{A}$ 中，$\tilde{A}$ 可以用 α^l，α^m，α^u 来定义，即 $\tilde{\alpha} = (\alpha^l,\ \alpha^m,\ \alpha^u)$

$$
u_{\tilde{\alpha}}(x) =
\begin{cases}
0 & x \leqslant \alpha^l \\[4pt]
\dfrac{x - \alpha^l}{\alpha^m - \alpha^l} & \alpha^l < x < \alpha^m \\[6pt]
1 & x \geqslant \alpha^m
\end{cases}
\tag{8.4}
$$

$$
EV(\alpha) = \frac{\alpha^l + 2\alpha^m + \alpha^u}{4}
\tag{8.5}
$$

定义 5 对于每个决策单元 DMU$_i$，有 2 项输入 $\tilde{x}_{1j}$，$\tilde{x}_{2j}$ 和 2 项输出 $\tilde{y}_{1j}$，$\tilde{y}_{2j}$（其中 $\tilde{x}_{1j}$，$\tilde{x}_{2j} > 0$，$\tilde{y}_{1j}$，$\tilde{y}_{2j} > 0$）。

定义6 $x = (\tilde{x}_{1j}, \tilde{x}_{2j})^T$，$y = (\tilde{y}_{1j}, \tilde{y}_{2j})^T$，记 $Y = [\tilde{y}_1, \tilde{y}_2, \cdots, \tilde{y}_n]$，$X = [\tilde{x}_1, \tilde{x}_2, \cdots, \tilde{x}_n]$。

则式（8.2）、式（8.3）变为：

$$
\begin{cases}
\max\theta_0 = \sum_{r=1}^{s} u_r \tilde{y}_{r0} \\
\text{s. t.} \\
\sum_{i=1}^{m} v_i \tilde{x}_{i0} = 1 \\
u_r, v_i \geqslant 0, \quad r = 1, 2, \cdots, s; \quad i = 1, 2, \cdots, m \\
u_1 \tilde{y}_{1j} + u_2 \tilde{y}_{2j} - v_1 a_j \tilde{x}_{1j} - v_2 b_j \tilde{x}_{2j} \leqslant 1 \\
u_1, u_2, v_1, v_2 \geqslant 0 \\
a_{\min} < a_j < a_{\max}, \quad b_{\min} < b_j < b_{\max} \\
j = 1, 2, \cdots, N
\end{cases}
\tag{8.6}
$$

$$
\begin{cases}
\min\theta = \sum_{j=1}^{n} Z_{jk} \\
\text{s. t.} \\
\tilde{x}_{ik} = \sum_{j=1}^{n} \tilde{X}_{ij} Z_{jk} + U_{ik} \quad \forall i, k \\
\tilde{y}_{rk} = \sum_{j=1}^{n} Z_{jk} \left(\sum_{i=1}^{n} p_{ij} Z_{ik} \right) \left[\tilde{y}_{rj} + \sum_{i=1}^{j-1} v_{ji} \left(\sum_{i=1}^{n} p_{ij} Z_{ik} \right) Z_{ik} \right]
\end{cases}
\tag{8.7}
$$

基于上述分析，产品组合策略选择模型构建步骤如下：

步骤1 分析企业产品组合，获取输入、输出指标数据。输入指标为成本、转型升级目标一致性；输出指标为经济收益及社会收益。转型升级目标一致性取值由专家组根据转型升级评价指标体系对产品进行评价，再由式（8.1）计算得出。对每个决策单元 DMU 的输入量根据式（8.4）、式（8.5）进行三角模糊数的转换。

步骤2 计算每个产品的效率值，利用式（8.6）进行 F-DEA 评价，得出效率值并从大到小排序。

步骤3 对所有产品进行组合，根据资源约束选择出符合条件的，并考虑产品组合间的影响（式8.7）。

步骤4 再次运用式（8.6）对每个产品组合做 F-DEA 评价，综合考量转型目标策应性、成本、收益，选择最优产品组合。

8.4 实例分析

以某大型上市重污染企业为例，该企业拟采用产业相关的转型升级目标。企业有 2 种核心产品，终端产品细分为 6 种，实现转型升级目标的竞争策略分为成本领先、差异化和目标聚集 3 种[16]：成本领先是企业采取全部成本低于竞争对手的成本策略；差异化是指企业产品和服务在全产业范围中具有独特；目标聚集是指企业主要服务于某个特定的群体、产业链，或者是某一细分的或区域市场。

为选择转型升级目标一致性高的产品组合策略，企业考虑重新进行产品组合以获取更优的持续竞争力。图 8.1 是该企业可能采取的产品组合方式。

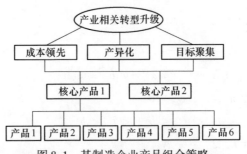

图 8.1   某制造企业产品组合策略

该企业的两种核心产品分别是煤气化装置和煤液化装置，初步确立的转型升级目标是产业相关型的转型升级战略。两种核心产品生成的 6 类产品分别是：(1) 配件模具开发技术更新项目；(2) 配件生产技术开发项目；(3) 低价钢材配件；(4) 模具打磨的去人工项目；(5) 特殊配件研发项目；(6) 原配件信息芯片植入项目。从财务报表获取产品数据，包括产品成本 U、预期收益 V、成功概率 P，如表 8.1 所示。

表 8.1   企业产品的相关数据

产品编号	1	2	3	4	5	6
预期收益（百万）	800	250	650	550	500	800
成本（百万）	(600, 640, 680)	(100, 140, 180)	(400, 440, 480)	(350, 390, 430)	(300, 340, 380)	(620, 680, 720)
成功概率	0.35	0.5	0.65	0.75	0.4	0.6

$$U_{12} = (-230, -200, -170)$$
$$U_{23} = (-110, -80, -50)$$
$$U_{34} = (-160, -140, -120)$$
$$U_{56} = (-130, -120, -110)$$

$$V_{12}^2 = (100, 200, 300)$$
$$V_{13}^3 = (150, 150, 150)$$
$$V_{23}^2 = (1, 1.5, 2)$$
$$V_{34}^2 = (0.3, 0.5, 0.7)$$
$$V_{56}^2 = (80, 100, 120)$$
$$V_{24}^3 = (0.5, 0.7, 0.9)$$

$$V_{35}^3 = (0.3, 0.6, 0.9)$$
$$V_{14}^4 = (0.3, 0.5, 0.7)$$

$$P_{12} = 0.08$$
$$P_{34} = 0.20$$
$$P_{56} = 0.35$$
$$P_{14} = 0.20$$

参考上文步骤 1，转型升级目标的达成情况可使用转型升级评价指标进行描述，引入制造企业的转型升级评价指标体系[26]进行转型升级目标分解。采用专家打分法对转型升级目标的达成状况进行评价，专家组 7 人由该企业领导层和转型升级团队的专家组成。专家评价等级如下：$V = \{V_1, V_2, V_3, V_4, V_5\} = \{优，良好，中等，一般，较差\}$。产品组合策略对各转型升级目标的贡献同样采用专家法确定，结果见表 8.2。

表 8.2 转型升级目标策应的评价结果

一级指标（目标）	二级指标（目标）	转型升级目标总体得分	产品贡献得分
制造技术 T	自动化生产线 T_1	V_3	V_2
	CAM 数控工序 T_2	V_3	V_3
	信息化车间作业计划/信息管理系统 T_3	V_2	V_4
	信息跟踪管控 T_4	V_4	V_4
生产流程 F	信息化生产计划 F_1	V_4	V_4
	信息化配送 F_2	V_3	V_3
	信息化外协监管 F_3	V_5	V_2
服务方式 S	销售信息系统 S_1	V_3	V_3
	客户信息收集反馈系统 S_2	V_4	V_4
	网络销售率 S_3	V_5	V_3
组织结构 O	信息技术与网络组织 O_1	V_2	V_5
	扁平式结构 O_2	V_1	V_4
	学习型组织和项目团队建设 O_3	V_3	V_4
人员构成 P	信息化人才 P_1	V_2	V_5
	人员多能工化 P_2	V_1	V_5
管理体系 M	ISO 9000、ISO 14000、ISO 27000 M_1	V_2	V_2
	CM M_2	V_5	V_4
	精益管理 M_3	V_4	V_3

t_{ik} 表示第 i 个指标在专家 k 评价下的分数，计算各指标在 n 个专家评价下的得分。对各专家评价取平均值得到综合得分：

$$V_i = \frac{\sum_{k=1}^{n} v_{ik}}{n}$$

V_i 表示第 i 个转型升级目标的总体得分；$i = 1, 2, \cdots, n$；$k = 1, 2, \cdots, n$。

采用相同的合成算子计算转型升级目标一致性，结果见表 8.3，其中产品组合的一致性结果表示为 T_{ab}。模糊数转换参照式（8.4）、式（8.5），结果此次省略。

表 8.3　产品的转型升级目标一致性的计算结果

项　目	转型升级目标值	产品 1	产品 2	产品 3	产品 4	产品 5	产品 6
产品对转型升级 目标的贡献值	—	0.94	0.91	0.66	0.45	0.87	0.80
企业转型升级 总体目标值	0.67	—	—	—	—	—	—
产品的转型升级 目标对应结果	—	1.24	1.20	0.95	0.87	0.98	0.92

$T_{12} = (1.20, 1.45, 1.65)$, $T_{34} = (0.65, 1.05, 1.45)$, $T_{56} = (3.05, 3.55, 4.05)$

参考第 8.3.2 节中的步骤 2 和步骤 3，运用式（8.6）算出企业选择单个产品的效率值分别是：1.24，1.20，0.95，0.87，0.98，0.92。其中产品 1 效率值最高，产品 4 效率处于末位。企业产品共有 2^6 种组合，考虑产品组合的相互影响并结合企业财务数据和专家建议，共有 7 种组合满足企业期望。使用式（8.6）、式（8.7）可得出每个组合的效率值，计算结果见表 8.4。

表 8.4　产品组合的相关计算结果

组合	产品选择	输入指标		输出指标		效率
		成本	转型升级目标一致性	经济效益	社会效益	
1	产品 1，2，3	(370, 440, 510)	(2.20, 2.70, 3.40)	(1000, 1200, 1400)	(2.20, 2.70, 3.40)	1.129
2	产品 1，2，5	(80, 120, 160)	(3.05, 3.55, 4.05)	(210, 230, 250)	(3.05, 3.55, 4.05)	1.364
3	产品 1，2，3，4	(290, 320, 350)	(1.80, 2.30, 2.80)	(290, 320, 350)	(1.80, 2.30, 2.80)	1.045
4	产品 1，2，5，6	(220, 170, 380)	(4.25, 4.75, 5.25)	(470, 510, 550)	(4.25, 4.75, 5.25)	1.455
5	产品 2，3，4	(140, 200, 260)	(1.40, 1.90, 2.40)	(130, 160, 190)	(1.40, 1.90, 2.40)	0.901
6	产品 2，3，4，5	(460, 540, 640)	(1.70, 2.20, 2.70)	(500, 540, 580)	(1.70, 2.20, 2.70)	0.960
7	产品 3，4，5，6	(490, 560, 610)	(1.75, 2.25, 2.75)	(530, 550, 570)	(1.75, 2.25, 2.75)	0.985

采用策略矩阵和气泡图的方法对表 8.4 中的结果进行描述，从而确定转型升级目标一致性要求下的最优产品策略组合（图 8.2 ~ 图 8.5）。

根据以上的矩阵-气泡图对实验结果进行分析。

（1）若企业采取低成本的产品策略，则需选择在资源投入限制情况下经济

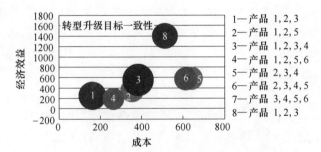

图 8.2 成本与经济收益分析

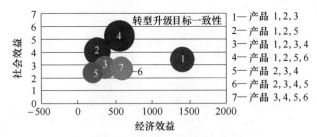

图 8.3 经济与社会效益分析

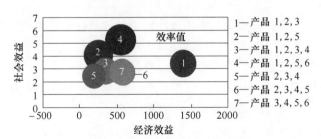

图 8.4 经济与社会效益分析

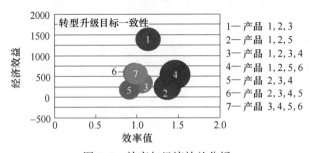

图 8.5 效率与经济效益分析

收益最佳的方案。综合考虑转型升级目标的贡献，此时应选择产品 {1，2，3}
或 {1，2，3，4} 的组合（图 8.2，图 8.3）。

（2）若企业考虑产品多样化竞争策略，则产品组合的效率及组合效益是主要考察因素。产品 {1，2，3} 组合经济效益最佳，效率值也较高，但由于组合内的产品成员较少而放弃该选择。产品 {1，2，5，6} 组合效率值极大，社会效益到达极值、经济效益较高且产品多样，因此可成为多样化策略指导下的产品选择（图 8.4）。

（3）产品 {1，2，3} 组合是目标集聚策略指导下的最佳选择。当企业选择产品门类最少的组合时，该组合达到经济和社会效益双峰值。若同时考虑低成本和转型升级目标一致性因素，产品 {1，2，3} 仍为最佳组合（图 8.2 ～ 图 8.4）。

（4）再讨论转型升级目标一致性的对产品组合影响情况。图 8.5 中，产品 {1，2，3} 的经济效益极大，而产品 {1，2，5，6} 获得了最优的效率值。转型升级目标贡献排名前三的组合分别为 {1，2，5，6}、{1，2，5} 和 {1，2，3}，且这三个组合也分别获得经济效益、效率值的最优值。由此可知，转型升级目标一致性对产品组合的产出值呈正相关，上文假设成立。

8.5   结论

（1）转型升级是企业获得新的竞争力的重要途径，产品组合策略是企业转型升级过程中非常重要的环节。本书提出转型升级目标一致性的概念描述产品组合策略对转型升级目标的贡献程度，建立了基于转型升级目标的产品组合策略选择模型。引入企业转型升级评价指标体系并结合专家法获得了产品对转型升级目标的贡献值，采用 F-DEA 的方法增加了产品组合效率评价的科学性，最终获得了基于转型升级目标的产品组合策略的选择方法。

（2）实例验证了该产品组合策略模型的有效性，随着企业选择不同的竞争策略，组合收益最佳的产品组合不断发生变化。另外，实验结果证实了文章提出的，产品组合的转型升级目标一致性与组合收益正相关的假设。这为转型升级期的重污染企业提供了有效建议：企业拟定产品组合策略时需要充分考虑产品组合与企业转型升级目标之间的一致性和融合性。

（3）由于篇幅限制，本书仅列举了以产业相关为转型升级目标的企业案例并进行分析。现实情况下，更多的企业会设置产业不相关为转型升级目标，因为多元化的经营模式转型升级能够较大程度的提升产品的吸引了和盈利能力[27]。若选取产业不相关转型升级的企业为研究对象，仍然可以采用本书构建的基于转型升级目标的产品组合策略选择模型。但必须注意的是，产业不相关的转型升级意味着企业可能承担更大的风险和投入更多的资源，因为企业产品可能跨越不同的产业。那么，具有多元化特征的产品进行组合时，资源和成本的限制或相互影响性可能更强。未来在进行这类研究时，应该重新验证文中式（8.3）和式

(8.7) 的适用性。

(4) 除此之外，本书假设的前提是产品组合策略的转型升级目标一致性与产品组合的收益呈正相关。下一步应结合实证研究，进一步探讨产品组合策略与转型升级目标的匹配程度对转型升级绩效的影响，还可以考虑使用其他方法消除专家评价带来的误差。

参 考 文 献

[1] 马浩. 战略管理—商业模式创新 [M]. 北京：北京大学出版社. 2015：4~15.

[2] Dickinson M W, Thornton A C, Graves S. Technology portfolio management：Optimizing interdependent projects over multiple time periods [J]. IEEE Transaction on Engineering Management, 2001, 48 (4)：518~527.

[3] Chao R O, Kavadias S. A theoretical framework for managing the NPD portfolio：When and how to use strategic buckets [J]. Management Science, 2008, 54 (5)：907~921.

[4] 欧立雄, 余文明. 企业项目化管理中战略层次的项目组合选择模型 [J]. 科技技术与工程, 2007, 7 (9)：2182~2186.

[5] 李随成, 沈洁. 面向集成解决方案的复杂产品系统企业业务转型研究 [J]. 科学学与科学技术管理, 2009 (8)：139~146.

[6] 杨颖, 杨善林, 胡小建. 基于战略一致性的新产品开发项目组合选择 [J]. 系统工程理论与实践, 2014 (4)：964~970.

[7] ARCHER N P, GHASEMZADEH F. An integrated framework for project portfolio selection [J]. International Journal of Project Management, 1999, 17 (4)：207~216.

[8] 杨鑫. 基于战略目标的项目组合选择研究 [J]. 科学管理研究, 2014 (7)：213~216.

[9] William B. Rouse. A Theory of Enterprise Transformation [J]. International System Eng, 2005, 1：279~295.

[10] Valerie P, Glenn P, Ricardo V, et al. Enterprise Transformation：Why Are We Interested, What Is It, and What Are the Challenges [J]. Journal of Enterprise Transformation, 2011, 1：14~33.

[11] Deborah Nightingale. Principles of Enterprise Systems [M]. MIT：Cambridge, Massachusetts, 2009 (6)：15~17.

[12] 毛蕴诗, 郑奇志. 基于微笑曲线的企业升级路径选择模型 [J]. 中山大学学报, 2012 (3)：162~174.

[13] 毛蕴诗, 张伟涛, 魏姝羽. 企业转型升级：中国管理研究的前沿领域 [J]. 学术研究, 2015 (1)：72~82.

[14] 夏云风. 商业模式创新与战略转型 [M]. 北京：新华出版社, 2011.

[15] D Chandrasekaran D, Tellis GJ. A Critical Review of Marketing Research on Diffusion of New Products [J]. Review of Marketing Research, 2015, 3 (1)：39~80.

［16］ME Porter. Competitive Strategy：Techniques for Analyzing Industries and Competitors ［M］. New York：The Free Press，1980.

［17］Schnieder Jans M，Wilson R. Using analytic hierarchy process and goal programming for information system project selection ［J］. Information and Management，1991（18）：87～95.

［18］Fishburn P. C. ，Lavalle I. H. Binary interactions and subset choice ［J］. European Journal of Operational Research，1996，92：182～192.

［19］王勇胜，梁昌勇，鞠彦忠. 不确定多期滚动项目组合选择优化模型 ［J］. 系统工程理论与实践，2012，32（6）：1290～1297.

［20］吴晓云，张欣妍. 企业能力、技术创新和价值网络创新与企业绩效 ［J］. 管理科学，2015，28（6）：12～26.

［21］Wei Z L，Yang D，Sun B，et al. The fit between technological innovation and business model design for firm growth ：Evidence from China ［J］. R&D Management ，2014，44（3）：288～305.

［22］Gallouj F，Windrum P. Services and services innovation ［J］. Journal of Evolutionary Economics，2009，19（2）：141～148.

［23］Porter M E. The contribution of industrial organization to strategic management ［J］. Academy of Management Review，1981（6）：609～620.

［24］Iyer H，Tapper S，Lester P，et al. Use of the steric mass action model in ion-exchange chromatographic process development 1 ［J］. Journal of Chromatography A，1999，832（1～2）：1～9.

［25］郜建人，姜红，孟卫军. 基于模糊 DEA 的房地产项目组合选择 ［J］. 建筑经济，2014，（5）：56～59.

［26］杨瑛哲，黄光球. 技术变迁主导下企业转型评价的粗糙集方法研究 ［J］. 模糊系统与数学，2016，31（3）：159～167.

［27］于克信，谢佩洪. 转型期中国企业多元化经营的制度根源及范式构建研究 ［J］. 管理世界，2011（7）：180～181.

附录 A 国内重污染企业转型升级成功案例 21 例

附表 A.1 煤化工企业转型升级成功案例特征分析：天脊集团[1]

企业名称	天脊集团
产品特征	高效硝基化肥+煤化工产品：硝酸铵钙、苯胺、合成氨、硝酸、乙二酸
产品品牌特征	中国驰名商标、中国名牌产品
园区特征	硝基化工园区
竞争力等级	强
工艺特征	世界先进生产工艺
知识产权特征	拥有自主知识产权
产品规模特征	高效硝基化肥和硝基化工产品，年总产量在 170 万吨以上，其中：（1）年产 25 万吨硝酸铵钙项目；（2）年产 13 万吨苯胺项目；（3）年产 30 万吨合成氨；（4）年产 27 万吨硝酸；（5）年产 7 万吨乙二酸项目
政策环境	中央提出要把握扩大内需和把握发展实体经济；坚持不懈地抓好"三农"工作，增强农产品供给保障能力；山西省转型综改试验区建设加快推进
技术变迁特征	（1）最早引进的以煤为原料、采用现代煤气化技术；（2）高起点
转型升级模式与路径	优势产业链条延伸，形成精细化工的完整产业链
项目特征	既符合国家产业政策要求，又适合国情、省情、企情，能尽快发挥企业优势的项目
人才队伍	拥有高中级职称的技术人员 1500 人，并有 2 名享受国务院特殊津贴的煤化工技术专家
产品销售	海内外市场
发展战略	以煤为基，多元发展
转型升级时机	未雨绸缪，主动转型升级

附表 A.2 煤化工企业转型升级成功案例：兖矿集团[2]

企业名称	兖矿集团
产品特征	高硫煤化工：煤气化、煤制油、醋酸、合成氨、醇氨
产品品牌	中国驰名商标、中国名牌产品
园区特征	一基地三园区：鲁化基地和邹城化工园区、鲁南化工园区和兖州化工园区
竞争力等级	强
工艺特征	美国德士古水煤浆气化技术
知识产权特征	具有自主知识产权的技术，其中，新型多喷嘴对置式水煤浆气化技术在国际和国内均属于先进水平，获得中国石油和化学工业协会科技进步特等奖；先后取得重大科技成果 36 项，21 项达到国际先进水平，获省部级以上科技成果奖 45 项

企业名称	兖矿集团
产品规模特征	（1）产品有 5 大类 30 多个品种；（2）陕西榆林、贵州开阳 50 万吨合成氨项目、新疆 60 万吨醇氨联产项目
政策环境	中央提出要把握扩大内需和把握发展实体经济；山东省转型综改试验区建设加快推进
技术变迁特征	（1）大项目+产业链、产业基地；（2）高起点、大联合、多联产
转型升级模式与路径	（1）战略驱动、利基策略、技术并购、资源整合、技术内化、企业衍生、创新与生产并行的双元组织；（2）具有自主知识产权的煤炭间接液化技术，并由此延伸出一条以低温费托合成为核心将煤制成汽油、柴油、石脑油和 LPG 产品等新的产业链，形成煤化工业上游与下游之间相互补充、相互协同、稳定发展的新格局
项目特征	既符合国家产业政策要求，又适合国情、省情、企情，能尽快发挥企业优势的项目
人才队伍	（1）水煤浆气化及煤化工国家工程研究中心和国家重点实验室；（2）与各大院校及科研院所结成产学研联盟与技术创新联盟，形成了支撑煤化工产业发展的开放式技术创新体系，为煤化工的持续发展提供强有力的技术支持；（3）形成了一支以博士 8 人，硕士 77 人，本科生 1451 人组成的结构合理、业务精湛、作风过硬的高素质人才队伍，涌现出优秀的技术专家 5 名，学科带头人 22 名，优秀专业技术人员 67 名，优秀技能人才 115 名。经过这些优秀人才的不懈努力，加速了煤化工技术的内化及其持续研发，兖矿集团自主创新能力得到了很大的提升
产品销售	海内外市场
发展战略	以煤为本、煤与非煤并重
转型升级时机	未雨绸缪，主动转型升级

附表 A.3　煤化工企业转型升级成功案例：晋煤集团[3]

企业名称	晋煤集团
产品特征	煤、基础化工产品、精细化工产品、煤制油品产品
产品品牌	拥有中国驰名商标、中国名牌产品
园区特征	工业园集群
竞争力等级	中
工艺特征	（1）"大井型、大采高、多巷道、大断面、多风井、强抽放"的新井建设理念；（2）引进国外先进装备和技术工艺
知识产权特征	具有自主知识产权的地面预抽技术，突破了国际专家公认的无烟煤不利于地面钻井煤层气开发的"禁区"，形成了全国最大的煤层气抽采井群
产品规模特征	煤产量 1 亿吨/年；氨产量达到 546.26 万吨/年；尿素产量 496 万吨/年；甲醇 1478 万吨/年；煤层气 100 亿立方米/年
政策环境	煤化工低端产品受压，高端产品受鼓励

企业名称	晋煤集团
技术变迁特征	（1）"新建项目、战略并购、科技研发"并举，"基础化工、精细化工、煤制油品"并进的发展之路；（2）通过技术引进或技术创新改变企业的技术供给结构，直接实现对原有的产业的改造
转型升级模式与路径	以煤炭为基础的多元产业竞相发展、相互支撑、良性互动、协调发展
项目特征	
人才队伍	大集团专业技术人才多和科研能力强
产品销售	海内外市场
发展战略	基于竞争优势的转型升级战略
转型升级时机	未雨绸缪，主动转型升级

附表 A. 4　煤化工企业转型升级成功案例：阳煤集团[4]

企业名称	阳煤集团
产品特征	煤、基础化工产品、精细化工产品、煤制油品产品
产品品牌	拥有中国驰名商标、中国名牌产品
园区特征	工业园集群
竞争力等级	中
工艺特征	以我为主，适当引进
知识产权特征	关键技术具有自主知识产权
产品规模特征	煤产量 700 万吨/年；化工板块营业收入首次超过煤炭产业，昔阳电石、和顺尿素竣工投产，进驻新疆布局发展，签署了化工新材料第二基地战略合作协议，山东中化平原纳入阳煤化工版图，历史性地跃居全国行业三甲。阳煤化工产业已布局成型，企业数量达 19 个，分布在山西、河北、山东和新疆，从业人员 4.3 万人，化工产品 80 余种，产能 1140 万吨/年，总资产 400 亿元
政策环境	抢抓山西煤炭资源整合机遇和用好煤化工产业政策
技术变迁特征	通过技术引进或技术创新改变企业的技术供给结构，直接实现对原有的产业的改造
转型升级模式与路径	（1）以结构转型和产业升级为方向，以大投资、大项目为引领，铝电、建筑地产、装备制造等七大辅助产业协调发展；（2）"走出去"储备资源
项目特征	以煤为主业，以煤化工、铝电、建筑地产、装备制造等七大产业为辅
人才队伍	拥有了 3 个国家级技术中心和优秀的化工技术人才、管理人才。再依靠这些企业的技术和人才，新建了和顺化肥装置和昔阳百万吨电石等化工产业链条中的补缺项目，重组了盂县化工，大规模投资建设化工新材料、新型化工和精细化工项目，实现了煤炭的转化升值
产品销售	海内外市场
发展战略	强煤强化、亿吨双千亿
转型升级时机	未雨绸缪，主动转型升级

附表 A.5　煤化工企业转型升级成功案例：忻州煤化工循环经济园区[5]

企业名称	忻州煤化工循环经济园区
产品特征	焦化粗苯、焦化精苯、顺醇、富乌酸唆吩等十多个精细化工产品和食品添加剂、药品为代表的生物化工产品等
产品品牌	拥有中国驰名商标、中国名牌产品
园区特征	以煤化工循环经济为特色的企业共生共赢、环境友好，资源节约、效益较佳的煤化工经济园区
竞争力等级	强
工艺特征	萃取精馏法焦化粗苯精制工艺，具有工艺先进、节约资源、环境友好、投资低、产品质量高等多项优势
知识产权特征	关键技术具有自主知识产权
产品规模特征	总投资约 293.3 亿元，年均销售收入将达到 616.4 亿元，实现利税总额约 71.2 亿元，利润总额约 46.4 亿元
政策环境	具有政策、资源及劳动力的优势
技术变迁特征	向高起点、高技术、大规模的方向发展
转型升级模式与路径	以煤化工循环经济为特色，以煤化工为基础，向下游精细化工发展，通过项目优选和合理布局，延长产业链，使园内部物料平衡，企业之间原料、动力的互用处于良性循环中，上游项目副产品废弃物作为下游项目的原料，确保煤炭资源的充分有效利用，基本形成了企业共生共赢、环境友好，资源节约、效益较佳的煤化工经济园区
项目特征	由众多企业组成的众多产品生产形成循环生产和加工链条
人才队伍	进入园区的企业均经过优选，人才队伍稳定齐全
产品销售	海内外市场
发展战略	高端精细化工、焦油深加工、煤制油、煤制天然气等现代煤化工产业
转型升级时机	未雨绸缪，主动转型升级

附表 A.6　煤化工企业转型升级成功案例：中煤能源[6]

企业名称	中煤能源
产品特征	烯烃、聚烯烃、尿素、甲醇、焦炭
产品品牌	拥有中国驰名商标、中国名牌产品
园区特征	榆林煤化工产业园、蒙大产业园
竞争力等级	强
工艺特征	世界先进工艺
知识产权特征	关键技术具有自主知识产权
产品规模特征	年产聚烯烃 68.3 万吨，销售 67.6 万吨；年产尿素 196.3 万吨，年产甲醇 78.6 万吨

企业名称	中煤能源
政策环境	具有政策、资源及劳动力的优势
技术变迁特征	向高起点、高技术、大规模的方向发展
转型升级模式与路径	以煤为主业，高端煤化工产业链延深
项目特征	既符合国家产业政策要求，又适合国情、省情、企情，能尽快发挥企业优势的项目
人才队伍	大集团专业技术人才多和科研能力强
产品销售	海内外市场
发展战略	高端煤化工产品
转型升级时机	未雨绸缪，主动转型升级

附表 A. 7　煤化工企业转型升级成功案例：枣庄[7]

企业名称	枣庄
产品特征	以甲醇为原料、生产高附加值产品的烯烃深加工产业链；煤气化、煤焦化产业链；产品品种有 50 种
产品品牌	拥有中国驰名商标、中国名牌产品
园区特征	产业集群
竞争力等级	强
工艺特征	世界领先的技术工艺
知识产权特征	关键技术具有自主知识产权
产品规模特征	主要产品产能达 1000 多万吨，主营业务收入近 300 亿元，位居全国前列
政策环境	具有政策、资源及劳动力的优势
技术变迁特征	（1）向高起点、高技术、大规模的方向发展；（2）以甲醇为原料、生产高附加值产品的烯烃深加工产业链；（3）11 条煤气化、煤焦化产业链
转型升级模式与路径	产业结构由"煤炭业独大"向"多业并举"转变；大型龙头企业引领，拉长产业链
项目特征	既符合国家产业政策要求，又适合国情、省情、企情，能尽快发挥企业优势的项目
人才队伍	大集团专业技术人才多和科研能力强
产品销售	海内外市场
发展战略	高端煤化工产品
转型升级时机	未雨绸缪，主动转型升级

附表 A. 8　煤化工企业转型升级成功案例：同煤集团[8]

企业名称	同煤集团
产品特征	动力煤、甲醇、烯烃、活性炭、煤制气
产品品牌	拥有中国驰名商标、中国名牌产品

企业名称	同煤集团
园区特征	特色现代煤化工基地
竞争力等级	强
工艺特征	世界领先的技术工艺
知识产权特征	关键技术具有自主知识产权
产品规模特征	（1）塔山、同忻两个千万吨矿井的基础上，再建 9 个千万吨级矿井，形成全国特有的千万吨级矿井集群，走"新矿带动老矿，老矿服务新矿"的全新发展路子；（2）同煤集团成功重组漳泽电力，同煤全年发电量完成 364. 5 亿度，电力装机容量达到了 1401 万千瓦，成为全省第一大电力企业，企业抗风险能力大大增强；（3）煤化工项目总投资 36 亿元，已建成的世界上单机最大的 60 万吨甲醇项目，年可消耗煤炭 130 万吨，年销售收入 15 亿元，实现利润 3. 5 亿元；中国产能最大的 10 万吨活性炭项目投产运行，与中海油合作的 40 亿立方米煤制气项目正在积极推进
政策环境	具有政策、资源及劳动力的优势
技术变迁特征	（1）向高起点、高技术、大规模的方向发展；（2）主业做大，形成 11 个千万吨级的煤生产能力，煤年产量 1 亿吨；（3）打造深度融合的"煤电一体化"，将煤炭产业优势提升为煤电一体化产业链的优势，增强抗风险能力。（4）从煤到气化，再到合成甲醇、再到烯烃、再到活性炭，形成"煤炭—甲醇"、"煤炭—甲醇—烯烃"、"煤炭—活性炭"、"煤炭—煤制气"等多个产业链
转型升级模式与路径	煤炭做强+电力做大+煤化工做优
项目特征	既符合国家产业政策要求，又适合国情、省情、企情，能尽快发挥企业优势的项目
人才队伍	大集团专业技术人才多和科研能力强
产品销售	海内外市场
发展战略	高端煤化工产品
转型升级时机	未雨绸缪，主动转型升级

附表 A. 9　煤化工企业转型升级成功案例：陕煤集团[9]

企业名称	陕煤集团
产品特征	动力煤、聚烯烃、聚丙烯、环氧树脂、橡胶；烯烃、芳烃及聚酯产品线等高端产品群
产品品牌	拥有中国驰名商标、中国名牌产品
园区特征	众多现代煤化工基地
竞争力等级	强
工艺特征	世界领先的技术工艺
知识产权特征	关键技术具有自主知识产权

企业名称	陕煤集团
产品规模特征	（1）煤炭生产能力为 1 亿吨/年；（2）在陕西、河南、湖南等地布局的火电项目，权益发电装机容量超过 1200 万千瓦；建设咸阳 2×100 万千瓦、府谷 2×100 万千瓦，以及黄陵、渭南两个 2×66 万千瓦四个电源点，其中渭南电源点主要解决关于中老企业煤炭就地消纳问题，咸阳、府谷、黄陵这三个电源点主要着眼于西电东输；（3）在蒲化建设聚烯烃、聚丙烯、环氧树脂、橡胶等百万吨级烯烃及尿素下游产品的精细化工园区，大力发展材料化学工业，转化煤炭 1000 万吨；在榆林榆神工业园区，利用煤炭分质高效转化技术，借鉴沙特朱拜勒综合产业园以及日本鹿岛工业园的模式，以低阶煤热解为龙头，采用适用的中低温热解技术、焦油加氢制航空煤油和环烷基油、煤焦油制芳烃、煤制乙二醇等技术，以烯烃、芳烃、乙二醇等大宗基础材料为主体，向下游发展烯烃、芳烃及聚酯产品线等高端产品群，建设转化煤炭 3000 万吨的世界级大型煤化工综合产业园
政策环境	具有政策、资源及劳动力的优势
技术变迁特征	（1）向高起点、高技术、大规模的方向发展；（2）主业做大，形成年产量 1 亿吨级的煤生产能力；（2）以煤化工为两大主业；（4）以煤炭开采和煤化工为两大主业，燃煤发电、钢铁冶炼、机械制造、建筑施工、科技研发、金融服务、运输物流等上下关联又多点支撑的产业格局
转型升级模式与路径	路径之一：去杂归核，优化结构；路径之二：吸纳科技，产业升级；路径之三：横排竖写，延伸能源链；路径之四：循环供给，拓展材料系；路径之五：技术引领，错油煤化；路径之六：资本运作，高位嫁接
项目特征	既符合国家产业政策要求，又适合国情、省情、企情，能尽快发挥企业优势的项目
人才队伍	大集团专业技术人才多和科研能力强
产品销售	海内外市场
发展战略	以煤为基，能材并进，技融双驱，蜕变转型
转型升级时机	未雨绸缪，主动转型升级

附表 A. 10　煤化工企业转型升级成功案例：新矿集团[10]

企业名称	新矿集团
产品特征	煤炭
产品品牌	拥有中国驰名商标、中国名牌产品
园区特征	矿区
竞争力等级	强
工艺特征	国内领先的技术工艺
知识产权特征	关键技术具有自主知识产权

续附表 A.10

企业名称	新矿集团
产品规模特征	（1）"以矸换煤"绿色开采技术，形成了以"三下一上"安全开采和提高煤炭回收率为目的的两种类型、五种工艺"以矸换煤"成套技术，并相继在 14 对矿井、80 余个工作面进行了推广应用，建成了 5 个井下煤矸分离系统，解放"三下"压煤储量近 1 亿吨，创造经济效益近 10 亿元。 （2）建成煤炭地下气化站 3 座，年产煤气 1.2 亿立方米。 （3）利用煤矸石、煤泥发电，替代矿区燃煤锅炉 434 蒸吨，取消锅炉 69 台，改善了矿区环境质量。利用煤矸石生产新型建材，建成 9 座矸石砖厂，年产标砖 8.1 亿块，年消耗煤矸石 175 万吨，减少占地 67 亩。 （4）实施超低浓度瓦斯发电技术，建成全国第一座超低浓度瓦斯发电站。赵官煤矿、水煤公司两家矿井瓦斯发电站每年累计抽采瓦斯 8283 万立方米，年可发电 2480 万千瓦·时，年可减少相当于 1 亿立方米二氧化碳温室气体排放。 （5）建成 10 座地面和 6 座井下矿井水处理厂，实施分级处理、分质供水，年综合利用矿井水 2627 万吨，污水处理率达到 100%，矿井水复用率达到 91%，综合利用率达到 77%，有效改善了矿区生态水环境
政策环境	具有政策、资源及劳动力的优势
技术变迁特征	特征 A：（1）转变煤炭生产方式（实施"以矸换煤"绿色开采技术+转变煤炭生产方式+推行集约化生产方式+探索实施煤层气化技术）；（2）大力发展循环经济（煤矸石综合利用+煤层气综合利用+矿井水综合利用）；（3）建设生态示范矿区（以建设绿色矿区为目标，以土地复垦为重点，防治结合、动态复垦，实施生态恢复与环境重建）。 特征 B：（1）初级产品销售向高附加值产品销售跨越；（2）"以产定销"向"以需定产"跨越；（3）同煤种纵向价值挖潜向跨煤种横向价值增值跨越；（4）传统煤炭供应商向煤炭产品综合解决方案供应商跨越。 特征 C：（1）内外贸一体化；（2）物流贸易一体化；（3）贸易金融一体化；（4）电子商务一体化。 特征 D：（1）聚集资源，构筑全产业链优势；（2）转化优势，构建多元化服务方式
转型升级模式与路径	（1）由传统开采模式向绿色开采模式转型；（2）由传统产品供应商向产品综合解决方案供应商转型；（3）由企业物流向物流企业转型；（4）构建基于"大煤炭产业链"的保姆式矿山服务产业
项目特征	既符合国家产业政策要求，又适合国情、省情、企情，能尽快发挥企业优势的项目
人才队伍	专业技术人才多和科研能力强
产品销售	海内外市场
发展战略	建立以煤炭为核心产业，煤化工、装备制造、现代服务业共同发展的产业格局。围绕现代产业体系建设和发展方式转变，以改造提升传统优势产业为支撑，以培育新兴产业为重点，以增强企业全面创新能力为动力，优化产业结构，创新企业管理，提高运营水平，提升发展质量，打造以"煤炭、煤化工、装备制造、现代服务业"四大产业板块为骨干结构的产业主导力、集聚力和带动力，形成资源优势明显、生产技术先进、产业布局合理的发展格局，走出一条具有新矿特色的产业升级、企业转型的新路子

企业名称	新矿集团
转型升级时机	未雨绸缪，主动转型升级

附表 A. 11　煤化工企业转型成功案例：内蒙古能源化工产业[11]

企业名称	内蒙古能源化工产业
产品特征	（1）电石、焦炭、焦炉煤气、煤焦油和焦化副产品及甲醇、工业硅。 （2）煤液化、煤制烯烃、煤制乙二醇、煤制天然气。 （3）盐碱、氯碱化工。 （4）煤炭、电力、多晶硅、单晶硅、稀土磁性材料、稀土储氢材料、稀土催化、功能陶瓷等
产品品牌	拥有中国驰名商标、中国名牌产品
园区特征	盐碱、煤基化工融合多联产循环低碳化工园
竞争力等级	强
工艺特征	国内领先的技术工艺
知识产权特征	关键技术具有自主知识产权
产品规模特征	按照长远规划，到 2020 年，内蒙古煤炭就地转化率将达到 50% 以上，天然气产量达到 800 亿立方米，现代煤化工产值达到煤化工总产值的 70%，全面形成以传统产业新型化、新兴产业规模化、支柱产业多元化为特征的现代能源化工产业体系
政策环境	具有政策、资源及劳动力的优势
技术变迁特征	（1）围绕电石、焦炭、焦炉煤气、煤焦油和焦化副产品及甲醇、工业硅等产品，构建高附加值的精细化工产业链。 （2）建成煤直接液化、煤间接液化、煤制烯烃、煤制乙二醇、煤制天然气等五大示范工程。 （3）利用新技术构建盐碱、煤基化工融合多联产循环低碳化工园。将煤化工、氯碱化工等产业链有效衔接，实现产业间的大循环和资源的综合利用，综合解决浓盐水、CO_2 排放等问题。 （4）形成煤炭—电力—多晶硅—单晶硅—光伏制造循环产业链，建成以光伏产业为重点的新型光伏材料产业集群。 （5）形成煤炭—电力—稀土新材料产业链，建成以稀土磁性材料、稀土储氢材料、稀土催化、功能陶瓷等为核心的产业链
转型升级模式与路径	（1）提升改造传统化工行业，延长产业链，产业向高端化、精细化发展。 （2）做强现代煤化工。 （3）推动盐碱化工与煤基化工深度融合。 （4）构建 2 条产业链，一条是煤炭—电力—多晶硅—单晶硅—光伏制造循环产业链，建成以光伏产业为重点的新型光伏材料产业集群。另一条是煤炭—电力—稀土新材料产业链，建成以稀土磁性材料、稀土储氢材料、稀土催化、功能陶瓷等为核心的产业链

企业名称	内蒙古能源化工产业
项目特征	既符合国家产业政策要求，又适合国情、省情、企情，能尽快发挥企业优势的项目
人才队伍	专业技术人才多和科研能力强
产品销售	海内外市场
发展战略	做强现代煤化工，同时加快煤基化工与盐碱化工、光伏、新材料等产业深度融合
转型升级时机	未雨绸缪，主动转型升级

附表 A.12　水泥行业转型升级成功案例：华润水泥[12]

企业名称	华润水泥
产品特征	水泥、混凝土、电力
产品品牌	拥有中国驰名商标、中国名牌产品
园区特征	无
竞争力等级	强
工艺特征	国内领先的技术工艺
知识产权特征	"水泥窑协同处置城市生活污水污泥项目"是中国水泥窑协同处置城市废弃物领域的一个成功范例
产品规模特征	（1）变频节电改造方面：华润水泥全面推行变频节能改造项目每年总节约用电量为 1.2 亿千瓦时，节约标准煤 5.14 万吨、减排二氧化碳 8.93 万吨。 （2）粉尘、废气、废水处理方面：水泥生产线 100% 安装高效收尘设备，收尘率高达 99.9%；100% 安装废气处理设备，窑尾烟气排放浓度优于国家标准并达到欧 II 标准；100% 废水内部循环处理，无废水外排。 （3）环保设备的运行管理方面：保证除尘器的除尘效率达到 99.9%、相对主机运转率达到 100%，窑尾烟气排放与当地环保局实行联网在线监测，确保污染物达标排放。 （5）矿山资源综合利用方面：低钙石灰石当作水泥混合材使用，矿山开采固体废弃物实现零排放。 （4）工业废弃物综合利用方面：协助电厂、钢铁厂等工业企业处置工业废渣，利用粉煤灰、湿煤渣、炉底渣等用作水泥混合材，脱硫石膏代替天然石膏用作缓凝剂，取得了良好的社会效益和经济效益。 （5）城市废弃物综合利用方面：华润水泥已累计向华润电力供给高品质的石灰石粉 7.5 万吨，有效降低了电厂尾气硫化物的排放。华润电厂将发电过程中产生的粉煤灰、湿渣、脱硫石膏等副产品供应给华润水泥用作生产所需的混合材与辅材，实现了"变废为宝"和"环境零污染"的目标；每天可规模化、无害化处置城市生活污泥 600 吨，每年可节约标准煤 1.93 万吨
政策环境	具有政策、资源及劳动力的优势

企业名称	华润水泥
技术变迁特征	华润水泥协同处置废弃物工作主要包括两大方面的内容：原料替代和燃料替代。 （1）在原料替代方面，华润水泥目前已实现了对脱硫石膏、粉煤灰、湿煤渣、炉底渣、飞灰及其他工业废渣等多种固体废弃物的综合循环利用。 （2）使用固体废弃物（主要是高热值的有机废物，如废轮胎、废橡胶、废塑料、废油、城市生活污泥、垃圾等）作为替代燃料
转型升级模式与路径	（1）建立起了工业废弃物和城市污泥的协同处置系统，通过资源化利用固体废弃物为企业在循环经济中找到了新的产业定位；（2）延伸水泥产业链，积极发展预拌混凝土，成功地孕育出新的市场竞争力
项目特征	既符合国家产业政策要求，又适合国情、省情、企情，能尽快发挥企业优势
人才队伍	专业技术人才多和科研能力强
产品销售	海内外市场
发展战略	环保产业+水泥产业链延伸
转型升级时机	未雨绸缪，主动转型升级

附表 A. 13　水泥行业转型升级成功案例：华新水泥[13]

企业名称	华新水泥
产品特征	传统水泥、生态水泥
产品品牌	拥有中国驰名商标、中国名牌产品
园区特征	无
竞争力等级	强
工艺特征	国内领先的技术工艺
知识产权特征	"水泥窑协同处置废弃物技术"和"农业危废物方面的成熟技术"具有自主知识产权
产品规模特征	水泥产能已超过 7000 万吨、商品混凝土生产能力 1500 万立方，在湖北、湖南、江苏、云南、西藏、河南、四川、重庆等省市及中亚的塔吉克斯坦皆有布局，总资产达 230 余亿元，为中国制造业 500 强企业
政策环境	具有政策、资源及劳动力的优势
技术变迁特征	（1）建立起了工业废弃物和城市污泥的协同处置系统，通过资源化利用固体废弃物为企业在循环经济中找到了新的产业定位；（2）延伸水泥产业链，积极发展生态水泥，成功地孕育出新的市场竞争力。
转型升级模式与路径	（1）传统水泥向生态水泥转变。 （2）使用固体废弃物作为替代燃料。 （3）多种固体废弃物的综合循环利用替代原料

企业名称	华新水泥
项目特征	"中挪合作中国危险废物与工业废物水泥窑协同处置环境无害化管理项目""中德合作农药废弃物管理合作项目""三峡库区技术最先进的日产 4000 吨的水泥生产线以及水面漂浮垃圾处置系统项目，一年可以处理 15 万立方米，可以解决整个三峡库区的漂浮物""武穴市兴建水泥窑市政垃圾处理工程，每年可处置城市生活垃圾 10 万吨，并可节约标煤 2 万吨"。项目既符合国家产业政策要求，又适合国情、省情、企情，能尽快发挥企业优势
人才队伍	专业技术人才多和科研能力强
产品销售	海内外市场
发展战略	进军环保领域，生产生态水泥，抢占华新水泥工厂周边城市垃圾处理市场
转型升级时机	未雨绸缪，主动转型升级

附表 A. 14　水泥行业转型升级成功案例：秦岭水泥[14]

企业名称	秦岭水泥
产品特征	传统水泥、电子废弃物回收与利用
产品品牌	拥有中国驰名商标、中国名牌产品
园区特征	无
竞争力等级	强
工艺特征	国内领先的技术工艺
知识产权特征	电子废弃物回升技术具有自主知识产权
产品规模特征	超过 5000 家电子废弃物回收中心，采购网络延伸至终端环节；回收 14 种产品，未来扩大到 28 种
政策环境	电子废弃物处理产业未来将尽享政策红利
技术变迁特征	利用供销系统全国超过 5000 家回收中心，采购网络延伸至终端环节
转型升级模式与路径	（1）做大主业：传统水泥；使用固体废弃物作为替代燃料；多种固体废弃物的综合循环利用替代原料。 （2）利用供销系统全国超过 5000 家回收中心，采购网络延伸至终端环节，全国性的回收处理网络布局优势显著
项目特征	（1）品类扩容：从"四机一脑"扩容至 14 种产品，市场空间翻倍不止，未来计划扩容至 28 种产品以上，处理量快速增长。 （2）税收优惠：再生资源增值税退税政策有望实施，提升盈利空间。 （3）部分品类（空调、洗衣机、电冰箱）补贴金额上调，规范拆解率提升。预期上述政策出台后，将推动废旧电器电子产品处理市场二次爆发
人才队伍	专业技术人才多和科研能力强
产品销售	海内外市场

企业名称	秦岭水泥
发展战略	进军电子废弃物处理产业
转型升级时机	未雨绸缪，主动转型升级

附表 A. 15　水泥行业转型升级成功案例：中国葛洲坝集团水泥有限公司[15]

企业名称	中国葛洲坝集团水泥有限公司
产品特征	特种水泥
产品品牌	拥有中国驰名商标、中国名牌产品
园区特征	无
竞争力等级	强
工艺特征	国内领先的技术工艺
知识产权特征	凭借核心技术优势，积极介入水泥窑协同处置城市垃圾、固废处理、新型道路材料等新兴产业
产品规模特征	公司注册资本 31 亿多元，资产总额近 130 亿元，下辖 18 家子分公司，年水泥产能约 3000 万吨，公司以生产中低热大坝水泥著称，被誉为"中国的大坝粮仓"
政策环境	全国首批两化融合促进节能减排试点示范企业，湖北省水泥行业首家通过清洁生产验收企业，拥有全国最大的特种水泥生产基地，先后荣获中国建材行业百强企业、湖北省最佳文明单位
技术变迁特征	通过减量置换先进产能、延伸产业链条、依托主业发展环保新兴业务
转型升级模式与路径	（1）秉承绿色环保理念（节能减排策略+淘汰落后产能）；（2）探寻绿色低碳循环发展模式（余热废气全利用，发电减排增效益+追求环保不倦怠，烟气脱硝促发展，固废垃圾全吸收，协同处置抢先机）
项目特征	（1）采取 BOT 方式进行余热发电项目建设，该项目不仅降低了资金投入和风险，也有利于技术的引进。公司所属的所有水泥窑生产线，都建立了纯低温余热发电系统，实现余热回收和发电并网的全过程自动控制，不消耗能源，具有利用废气、环保、节能三重效果。总装机容量 67.5 兆瓦，年发电约 4.2 亿度，相当于节约标煤 12 万吨，同时还可以减排二氧化碳 30 万吨。 （2）葛洲坝水泥 7 个脱硝项目设备安装完成，每年减排氮氧化物 4000 吨，提前超额完成了"十二五"脱硝减排任务。 （3）老河口示范线可日处理 500 吨城市生活垃圾，每年处理生活垃圾约 15 万吨，每年节约土地约 40 亩，同时，通过垃圾代替燃料可减少因烧煤产生硫化物和氮氧化物在 20% 以上，总有机碳减排 40% 以上。此外，生活垃圾预处理系统提供的每 2～3 吨轻质可燃物，可替代 1 吨实物煤，实现了资源的有效利用
人才队伍	专业技术人才多和科研能力强
产品销售	海内外市场

企业名称	中国葛洲坝集团水泥有限公司
发展战略	以"做水泥行业环保领跑者"为愿景，凭借核心技术优势，积极介入水泥窑协同处置城市垃圾、固废处理、新型道路材料等新兴产业，加快绿色环保转型，将环保业务打造成为公司发展的另一增长极和支撑点
转型升级时机	未雨绸缪，主动转型升级

附表 A. 16　水泥行业转型升级成功案例：建华建材集团[16]

企业名称	建华建材集团
产品特征	混凝土水泥制品，技术综合服务
产品品牌	拥有中国驰名商标、中国名牌产品
园区特征	无
竞争力等级	强
工艺特征	国内领先的技术工艺
知识产权特征	具有核心技术优势
产品规模特征	混凝土水泥制品行业巨擘
政策环境	住建部发布了三条装配式建筑的国标，业界普遍认为随着行业规范性的不断提高，我国装配式建筑发展将进入下一个发展高峰期
技术变迁特征	（1）文化导向。"走正道、负责任、心中有别人"以及由此延伸的经营管理理念、人才培养模式和服务标准，这是建华建材集团在激烈的市场竞争中赢得客户信任的决胜优势。 （2）团队保障。转型升级不仅仅是形式上的转变，更涉及人员思想、观念和工作方式方法的转变。既要有"老"成员传承建华人艰苦奋斗的创业精神和个人丰富的从业经验，也需要有着新领域相关专业背景或从业经验的优秀人才提供专业保障。目前建华建材集团以各大新领域为划分依据均成立了相关的事业部，集合了相关领域从规划、勘察、设计到施工、工程管理各类专业技术人才。专业协作的新型人才队伍是建华建材集团转型升级的团队保障。 （3）技术支持。建华建材集团秉承"让建筑更安全"的企业光荣使命，在 20 多年的发展历程中，始终坚持创新促发展，创新求生存。集团不仅成立了研发中心，还在北京成立了建华建材技术研究院，每年投入大量经费进行新产品研发，并多次派人赴日本、韩国、美国、欧洲等考察，学习国外的先进技术，使创新能力得到极大的提升。这也为成功转型升级提供了重要的技术支持。 （4）行业合作。注重行业合作是建华建材集团的传统，转型升级后更是如此。在新领域的开拓过程中，集团充分注重与领域内专业的建材生产企业、设计单位、施工单位展开关于生产、研发、技术合作等多种形式的交流，在行业发展中积极发挥示范引领作用。集团先后与中国建筑科学研究院、华东建筑设计研究总院、南京水利科学研究院、东南大学等全国多所知名大学、设计院和科研院所展开合作，共同研发各类先进的、高性能预制混凝土制品，并主导、参与了多项高水平的科研项目。

企业名称	建华建材集团
技术变迁特征	（5）服务制胜。技术优势为建华建材赢得了众多项目订单，但把订单做到客户满意、工程耐久的关键是服务。随着高端技术人才的引进和技术层面的不断创新，建华建材集团的综合服务能力不断提升。在现有产品的基础上，我们可以根据客户的个性化需求，单独研发特殊用途、特殊规格、特殊性能的优质混凝土产品；可为客户提供复杂地质条件下的基础优化解决方案；可为客户提供勘察、设计、施工等方面的技术咨询服务；可为客户提供产品、基础、勘察、设计、施工等方面专项指导和培训服务。可将传统行业中互相割裂的各个环节串联起来，提供一体化的综合解决方案，实现效率的最大优化，让客户感觉"物超所值"
转型升级模式与路径	（1）战略调整、优化结构、创新驱动、绿色发展；（2）在紧抓混凝土预制主业的同时，积极主动地向混凝土制品与技术综合服务商转型
项目特征	（1）以生产和销售预应力管桩产品为主，积累了丰富的预制化产品研发、生产、施工与管理经验，这也是成功转型为混凝土制品与技术综合服务商的先天优势。 （2）以工业与民用建筑、水利水工、公路市政、轨道交通与航空、电力通讯、国际市场、个人消费品七大新领域为突破口，增加研发人员和费用，巩固生产技术优势，攻克传统领域的技术瓶颈，成功研发了众多预制类桩型及 PC 构件类预制产品，符合国家部委对建设行业产业化、预制化的政策要求，引领着行业变革潮流。 （3）在预制混凝土通用部品的研发、标准完善方面均有较大建树，随着建筑工业化的推进，积极向预制装配式建筑适用的各大领域拓展，充分吸收领域内已有的先进经验，实现技术和工法的优化和创新
人才队伍	专业技术人才多和科研能力强
产品销售	海内外市场
发展战略	在紧抓混凝土预制主业的同时，积极主动地向混凝土制品与技术综合服务商转型
转型升级时机	未雨绸缪，主动转型升级

附表 A. 17 水泥行业转型升级成功案例：南京中材水泥备件有限公司[17]

企业名称	南京中材水泥备件有限公司
产品特征	水泥装备制造
产品品牌	无
园区特征	无
竞争力等级	强
工艺特征	国内领先的技术工艺
知识产权特征	具备制造
产品规模特征	水泥装备制造中型企业
政策环境	住建部发布了三条装配式建筑的国标，业界普遍认为随着行业规范性的不断提高，我国装配式建筑发展将进入下一个发展高峰期

企业名称	南京中材水泥备件有限公司
技术变迁特征	（1）强化工业集成服务。这里强调了集成服务，包括了水泥的生产管理、能源管理、工艺技术、装备技术、备品备件等的各种生产要素的集成服务。 （2）强化"互联网+"运作模式。依托和应用互联网技术，储备、调动、整合、协调各种生产要素资源的重新组合，在成本、效益、资源、环保、节能等各个方面发挥出更大的效率和优势。 （3）强化金融资本的运作。借助金融资本的力量，实现公司的发展目标。 （4）注重融入国家"一带一路"发展大战略。公司拟在卡塔尔成立分公司，使海外业务得到进一步加强。 （5）依靠技术创新占领发展的制高点。公司目前已是国家高新技术企业，享有很多的政策扶持；同时公司又是中国新材料院的南京分院、盐城工学院生态建材与环保装备协同创新基地之一，具备了相当的技术创新条件与创新实力。我们要紧紧依托这两个创新平台，不断提升本公司的技术创新能力。与此同时，公司今年还将加大资金投入，加快新项目的研发进度，抓紧完成产品定型、生产工艺定型和成果产业化，确保在今年年底实现首台回转窑的应用与全部测试工作。 （6）创办"水泥云专家"网络平台。以具体研发项目为纽带，灵活组建项目研发小组，集聚行业内的各类技术人才，既突出个人的独创努力，又强调团队的集体智慧，通过不同组合方式和灵活合作形式，以实现优化、完善、创新、转化、实施、推广创新技术、创新产品的目标，形成多方共赢的局面，使各层次人才的专项技术有用武之地。 （7）有步骤地推进水泥工业的两化融合。目前，公司开发的水泥生产线智能巡检仪已进入第一步的试用阶段，首批试用的企业分别是葛洲坝集团、亚泰集团和南方水泥旗下的 3 家企业，试用的项目是由巡检人员持巡检仪上网，用巡检仪对传感器进行扫描，以获得设备运行的相关数据。下一步，将扎扎实实地做好各项测试工作，并通过长期积累的个性化数据进行对比分析，以预测设备运行的周期和故障；将一线设备人员与技术部门、采购部、储备库直接连接，简化采购程序；以"智能设备巡检系统"为基础，完成全球水泥生产动态数据库建设，将该数据库打造成水泥企业生产大数据共享和个性化定制使用平台
转型升级模式与路径	（1）海外业务的拓展；2015 年公司的海外业务快速发展，已在巴勒斯坦和埃塞俄比亚建立了海外办事处。公司还与安中国际、拉法基、中材国际（南京）开展了深度合作，打开了国际业务的空间。目前，公司的海外业务已覆盖安哥拉、尼日利亚、埃塞俄比亚、巴勒斯坦、越南、印度尼西亚、缅甸等国家，海外销售收入已占公司销售收入的 50% 以上。 （2）技术创新带动水泥备件的销售。通过了国家高新技术企业的审批；公司水泥回转窑新型窑头窑尾密封技术项目获国家建材科技创新三等奖、南京市科技创新奖；公司窑头窑尾密封技术、立磨节能改造技术、水泥磨高效选粉技术、低成本脱硫技术等逐步在行业内推广。公司还与盐城工学院合作，加入了江苏省生态环保装备协同创新中心；与中国新型建筑材料工业设计与研究院合作，创办的该院的南京分公司，目前，公司在这两个平台上都有新的研发项目。

企业名称	南京中材水泥备件有限公司
转型升级模式与路径	（3）开展市场新布局：通过与大型企业集团的深度合作，打造利益共同体，公司在原有的市场基础上，2015 年又进行了新的布局。一是在成立东北办事处的基础上，成立了东北水泥新技术推广中心，并运作与亚泰集团、东北水泥两大集团合作，共同组建水泥备件北方分公司，依靠市场的决定性力量，重新配置东北市场的备品备件资源。二是西北办事处立足于祁连山、尧柏集团，成功进入了甘肃、陕西和青海市场
项目特征	（1）第一业务板块：水泥备品备件的集成服务。这是公司成立之初就已经形成的业务结构，其中包括了水泥备品备件的技术咨询、集成采购、联合储备、调剂租赁和生产保障，在保留的基础上进一步优化完善。 （2）第二业务板块：水泥技术的集成服务。一方面，要依靠自身力量不断研发创新技术，推动水泥技术的集成服务；另一方面，还要加强与大学与科院所的合作，借助他们的平台助推创新发展。与此同时，公司还将依托"互联网+"的力量，通过众创模式，推动水泥技术集成服务。 （4）第三业务板块：大数据的集成。目前，公司正在研究开发一种"水泥企业设备智能巡检系统"，并以"智能设备巡检系统"为基础，完成全球水泥生产动态数据库建设，将该数据库打造成水泥企业生产大数据共享和个性化定制使用平台
人才队伍	专业技术人才多和科研能力强
产品销售	海内外市场
发展战略	将公司打造成水泥备件集成服务的第一品牌，水泥技术集成服务的第一品牌，水泥备品备件细分市场中最具投资价值的品牌
转型升级时机	未雨绸缪，主动转型升级

附表 A. 18　水泥行业转型升级成功案例：金隅集团[18]

企业名称	金隅集团
产品特征	水泥、工业（危险）废弃物无害化处理产品
产品品牌	拥有中国驰名商标、中国名牌产品
园区特征	无
竞争力等级	强
工艺特征	国内领先的技术工艺
知识产权特征	完全自主知识产权
产品规模特征	水泥制造大型企业
政策环境	京津冀协同发展要以区域基础设施一体化和大气污染联防联控作为优先领域，要以产业结构优化升级和实现创新驱动发展作为合作重点，努力实现优势互补、良性互动、共赢发展
技术变迁特征	金隅充分发挥水泥窑炉自身独特优势，先后自主研发和建成运营我国首条利用水泥窑无害化处置工业废弃物示范线、首条利用水泥窑无害化处置和资源化利用城市污水处理厂污泥生产线、首条水泥窑协同处置生活垃圾焚烧飞灰生产线以及国内技术设备最先进和体系最完善的危险废弃物处置线

续附表 A. 18

企业名称	金隅集团
转型升级模式与路径	（1）在发展理念、发展模式、发展方向上正确，处置废弃物、脱硝脱氮、节能减排等关键点都做到了，给了全行业信心，也为水泥行业第二代新型干法改造提供了思想基础。 （2）始终坚持技术创新，在技术进步上从来没有停止过，抓住了企业发展的根基。 （3）把企业责任与社会建设、城市发展融为了一体。 （4）获得了很多社会和政府认可的荣誉，体现了企业品牌的价值。 （5）实现了发展水泥工艺与提升技术相结合、发展经济与环保产业相结合、废弃物处置与节能减排相结合、企业利益与社会责任相结合
项目特征	（1）水泥窑协同处置工业（危险）废弃物的领先优势。 （2）对全部水泥厂进行水泥窑脱硝技术改造工程以及物料全封闭化改造。 （3）进一步加快利用水泥窑处置城市废弃物，使之成为金隅集团的新型环保产业，并为水泥工业做出行业示范。 （4）金隅可处置国家危险废弃物名录 49 类危险废弃物中的 43 类，在京年处置污水处理厂污泥 20 余万吨、生活垃圾焚烧飞灰 9600 吨、各类危险废弃物 10 万吨。生态岛 8 年来处理了北京市绝大部分污染场地，累计修复污染土壤 200 多万立方米
人才队伍	专业技术人才多和科研能力强
产品销售	海内外市场
发展战略	水泥产业循环经济发展；存量转型、增量升级
转型升级时机	未雨绸缪，主动转型升级

附表 A. 19　水泥行业转型升级成功案例：嘉华特水[19]

企业名称	嘉华特种水泥股份有限公司
产品特征	特种水泥
产品品牌	无
园区特征	无
竞争力等级	强
工艺特征	国内领先的技术工艺
知识产权特征	完全自主知识产权
产品规模特征	特种水泥制造小型企业
政策环境	水泥行业产能严重过剩，国家大量淘汰落后产能
技术变迁特征	（1）嘉华选择了新一代通用硅酸盐熟料体系的研究作为第二代新型干法技术研究的切入点，创造性地开发了高性能低碳微粒熟料技术（HLC），并已进入了工业生产。该技术在保持通用硅酸盐组分不变的情况下，通过对硅酸三钙、硅酸二钙晶体尺寸、形貌的控制以及液相表面张力的控制，在低温煅烧条件下，实现了高性能熟料的生产。 （2）参与了高强低钙熟料体系、新型低钙水泥熟料等课题，在提高低热水泥早期强度，增进贝利特矿物的活性等方面取得了可喜的进展

企业名称	嘉华特种水泥股份有限公司
转型升级模式与路径	（1）企业转型，换个角度理解水泥。 （2）二代水泥技术，换个角度做研发。 （3）"私人定制"换个角度做经营
项目特征	（1）一切业务都要垂直化，聚焦重度垂直领域，在特定市场领域瞄准更加细分的目标市场。 （2）针对用户的痛点需求，将特性水泥的"私人定制"发挥得淋漓尽致。 （3）在离用户最近的场所，由营销工程师、技术人员为用户提供定制化的产品及其应用解决方案
人才队伍	专业技术人才多和科研能力强
产品销售	国内市场
发展战略	水泥行业"特种部队"的现代企业
转型升级时机	未雨绸缪，主动转型升级

附表 A. 20　造纸行业转型升级成功案例：山东造纸创新联盟成员企业

（晨鸣纸业、华泰纸业、太阳纸业）[20~22]

企业名称	山东造纸创新联盟成员企业（晨鸣纸业、华泰纸业、太阳纸业）
产品特征	传统纸和高端纸
产品品牌	拥有中国驰名商标、中国名牌产品
园区特征	无
竞争力等级	强
工艺特征	国内领先的技术工艺
知识产权特征	具有完全自主知识产权
产品规模特征	产品种类齐全
政策环境	节能减排和淘汰落后产能
技术变迁特征	（1）"轻工协同创新中心"是涵盖整个造纸产业链及其延伸产业的科研协作平台；汇聚了高校、科研院所、大型企业的优质资源，在学科、人才、科研等方面形成了优势互补、强强联合、资源共享的创新共同体，取得了优异的科研成果，对造纸产业及相关产业的转型升级有很好的引领示范作用。 （2）联盟内成员企业的发展更多地是靠技术创新进步和资本投入来保持稳定增长，两者呈现一种互为掎角的关系
转型升级模式与路径	（1）基于技术创新战略联盟的产品高端发展模式。 （2）联盟模式：1）龙头企业为主导的联盟模式；2）科研院校为主导的联盟模式；3）政府为主导的联盟模式；4）技术攻关合作联盟模式；5）产业链合作联盟模式；6）技术标准合作联盟模式；7）契约联盟模式；8）实体联盟模式

企业名称	山东造纸创新联盟成员企业（晨鸣纸业、华泰纸业、太阳纸业）
项目特征	（1）数百台套高附加值产品生产线，纸机最大幅宽达 11 米，最高车速 2000 米/分。山东省造纸产品质量档次及装备现代化水平居国内领先。 （2）规模效益明显提升，整体竞争力显著增强。新闻纸 150 万吨，占全国的 41.7%，居全国第一位；铜版纸 250 万吨，占全国的 36.5%，特种纸 65 万吨，占全国的 28.3%，上述两种产品均居全国第二位。此外，涂布白卡纸 255 万吨，占全国的 50%，生活用纸 70 万吨，占全国的 8.8%。 （3）产业集中度逐年提高。浆纸产量 100 万吨以上企业有晨鸣、华泰、太阳、博汇、世纪阳光、亚太森博等 6 家，其中晨鸣、华泰、太阳已进入世界造纸前 50 强。 （4）原材料及产品结构不断优化，装备水平大幅度提升。近年来，通过原料结构调整、装备现代化和产品档次提升的相互促进与带动，全省木浆、废纸、非木浆比重已由 1995 年的 10%、20%、70%，调整为 2013 年的 50%、40%、10%。其中草浆产量已下降到 50 万吨，自制木浆产量提升到 405 万吨，是自制木浆第一大省。以木浆为主要原料生产中高档纸及纸板的产品比重占到 75%，新闻纸、铜版纸、涂布白纸板、书写印刷纸和木浆等产品产量均居全国前茅
人才队伍	大型企业集团专业技术人才多和科研能力强
产品销售	海内外市场
发展战略	由"数量主导型"步入调结构、提质量、上水平的"质量效益主导型"
转型升级时机	未雨绸缪，主动转型升级

附表 A. 21 造纸行业转型升级成功案例：泉林纸业[23]

企业名称	泉林纸业
产品特征	传统纸和高端纸
产品品牌	拥有中国驰名商标、中国名牌产品
园区特征	无
竞争力等级	强
工艺特征	国内领先的技术工艺
知识产权特征	公司已拥有授权专利 158 项，覆盖了秸秆制浆、纸及纸制品、肥料、环保、热电铵法脱硫链及相关装备制造等与秸秆制浆造纸循环经济产业有重要关联的领域；先后有两项技术列入"十一五"和"十二五"国家科技支撑计划重点项目，以秸秆造纸资源化利用为核心的一系列技术因填补了国内技术空白，被列为体现"中国创造"和国家战略新兴产业的重要技术项目；完成 20 余项科技成果验收鉴定，4 项技术获得国际领先技术成果鉴定，开发了 30 余种新产品，被认定的国家重点新产品 2 个，获省部级以上奖项 5 个。2013 年，这些专利技术成果的集成——"秸秆清洁制浆及其废液肥料资源化利用新技术"荣获 2012 年度"国家技术发明二等奖"

企业名称	泉林纸业
产品规模特征	（1）综合利用1吨农作物秸秆，可实现二氧化碳减排0.7吨。以公司目前新建的60万吨本色草浆产能为例，年可节省240万立方米木材，少砍伐约合30万亩成材林。 （2）催生秸秆收购业，将会带动秸秆收储和运输物流业发展，吸纳农村剩余劳动力，实现农民不离乡、不离土致富。 （3）增加农民收入。秸秆成为商品，按每亩秸秆可收储量240千克，每吨秸秆价格550元计，为农民每亩增收130元。 （4）带动秸秆制浆造纸相关装备制造业发展。带动适合秸秆制浆造纸的制浆装备、造纸装备、食品包装盒装备、热电脱硫装备、肥料装备、环保处理装备等相关装备制造业的发展，实现秸秆制浆造纸相关装备国产化
政策环境	节能减排和淘汰落后产能
技术变迁特征	（1）注重创新平台建设和创新体系构建坚持平台建设先行的创新思路，在业内较早成立了企业技术研发中心。 （2）注重核心技术研发。根据行业和企业实际，充分认识技术突破难点，确定技术研发方向，制定关键技术研发计划，层层推进技术创新，着力构建集成化、系统化的技术创新体系，为企业发展提供坚强的技术支撑
转型升级模式与路径	（1）"减量化、再利用、资源化" 3R 原则，以发展循环经济实现产业模式的提升和优化。 （2）优化产品结构，以节能环保型产品拓展市场空间在产品定位方面，开发以本色秸秆浆及其制品为主导的健康、环保型产品
项目特征	秸秆制浆造纸
人才队伍	大型企业集团专业技术人才多和科研能力强
产品销售	海内外市场
发展战略	依靠技术创新，集聚发展动力
转型升级时机	未雨绸缪，主动转型升级

参 考 文 献

[1] 赵建伟. 天脊集团 山西新型煤化工转型成功典范 [J]. 财经界，2012（9）：64～66.

[2] 张青. 资源型企业群落公司创业关键成功要素模型的研究——以兖矿集团为例 [J]. 研究与发展管理，2010，22（5）：95～103.

[3] 省政府发展研究中心转型发展调研组. 晋煤集团转型发展的成功实践 [J]. 前进，2009，（7）：12～13.

[4] 高金祥. 煤集团稳中求进逆势增长——阳煤集团 2012 年转型跨越发展工作综述 [J]. 山西煤炭，2013，33（4）：24～26.

［5］赵琳琳．忻州煤化工循环经济园区链式发展"孕"生机［J］．现代工业经济和信息化，2014（1）：38～39．

［6］中国煤炭新闻网．中煤能源：新型煤化工业务成为利润增长点［J］．煤炭科技，2016（1）：106．

［7］刘侠，张孝平．枣庄：转型之城展新姿［J］．走向世界，2017（10）：11～13．

［8］辛佳璇，李德忠．转型发展正当时——同煤集团打造三大产业、推动可持续发展纪实［J］．人民法治，2015（6）：111～113．

［9］张瑶．陕煤的蜕变转型之路［J］．中国煤炭工业，2017（3）：15～19．

［10］新汶矿业集团有限责任公司．新矿集团：打造四大产业板块的转型升级［J］．企业管理，2015（3）：80～82．

［11］呼跃军．加快煤基化工与盐碱化工、光伏、新材料等产业深度融合——内蒙古布局今年能化产业转型［J］．中国石油和化工，2015（1）：8．

［12］张红．华润水泥：牢牢把握转型中的两个突破点［J］．混凝土世界，2012（11）：50～53．

［13］贺光岳．进军环保领域——华新水泥的成功转型［J］．四川水泥，2013（5）：45～47．

［14］吴名．秦岭水泥：成功转型为再生资源优势企业［J］．股市动态分析，2014（50）：57．

［15］周继秀．推进水泥产业转型升级，走"绿色"发展之路［J］．产业经济，2017，45（12）：83～84．

［16］本刊记者．建华建材 转型路上铿锵行——访中国建材联合会副会长建华建材集团副董事长兼行政总裁王刚［J］．江苏建材，2017（2）：60～63．

［17］杜小卫转型升级 重塑核心竞争力———访南京中材水泥备件有限公司董事长袁志洲．江苏建材，2016（2）：62～63．

［18］梁喜琴．水泥行业转型升级的先行者——金隅集团水泥产业循环经济发展纪实［J］．中国水泥，2015（4）：64～65．

［19］魏晋渝．嘉华特水：换个角度做水泥［J］．中国水泥，2015（8）：53～55．

［20］钱桂敬．中国造纸工业的深度调整与转型升级［J］．纸和造纸，2014，33（9）：1～5．

［21］白杨，衣飞宇，郭吉涛．技术创新战略联盟在山东造纸产业转型升级中的作用机制及应用研究［J］．中华纸业，2016，37（23）：55～61．

［22］李伟鸣．以标杆企业为引领加快山东省造纸产业转型升级［J］．中华纸业，2014，35（13）：22～28．

［23］李洪法．全国最大的非木材纤维综合利用企业——泉林纸业：依靠技术创新集聚发展动力实现秸秆制浆造纸企业转型升级［J］．中华纸业，2014，35（13）：31～33．

附录 B 重污染企业转型升级指标数据

附表 B.1 14 家企业转型升级指标数据

转型升级指标	样本 1	样本 2	样本 3	样本 4	样本 5	样本 6	样本 7
网络销售率 a_{10}	27.4%	27.3%	45.3%	33.2%	15.6%	13.8%	46.7%
信息化 & 创新人员 a_{14}	75	83	160	90	44	52	133
转型升级指标	样本 8	样本 9	样本 10	样本 11	样本 12	样本 13	样本 14
网络销售率 a_{10}	23.8%	44.3%	14.7%	51.2%	15.9%	23.7%	27.6%
信息化 & 创新人员 a_{14}	55	91	65	101	92	40	79

附表 B.2 2012 年企业输入和输出指标数据

指　标	样本 1	样本 2	样本 3	样本 4	样本 5	样本 6	样本 7
R&D 经费 X_1	766241	413911	596643	320759	333479	166539	244492
R&D 人员投入 X_2	16275	14258	16923	6645	13841	6198	6659
新产品销售收入 Y_1	678235	832423	730581	185005	526224	197446	916056
主营业务收入 Y_2	1602513	1329483	1523761	203357	943229	278332	1212251
新产品/项目数 T_1	971	426	279	364	804	191	261
产品服务化 T_2	312	163	123	102	121	98	114

附表 B.3 2013 年企业输入和输出指标数据

指　标	样本 1	样本 2	样本 3	样本 4	样本 5	样本 6	样本 7
R&D 经费 X_1	905416	486787	740548	441499	435224	189562	320993
R&D 人员投入 X_2	22088	16397	18748	6937	15726	9822	11763
新产品销售收入 Y_1	1731221	1174644	1328978	2428951	1440341	443969	1687637
主营业务收入 Y_2	1982405	1517554	1820013	3009581	2064199	514838	2098103
新产品/项目数 T_1	1082	716	362	428	898	205	487
产品服务化 T_2	372	279	237	155	630	77	302

附表 B.4 2014 年企业输入和输出指标数据

指　标	样本 1	样本 2	样本 3	样本 4	样本 5	样本 6	样本 7
R&D 经费 X_1	1303936	717382	983475	548201	560927	306626	436662
R&D 人员投入 X_2	23706	21691	22021	8762	19565	9982	9501
新产品销售收入 Y_1	2528267	2218052	3445708	2413472	2883685	670133	1782985

指　标	样本 1	样本 2	样本 3	样本 4	样本 5	样本 6	样本 7
主营业务收入 Y_2	2830218	2862803	3460337	3085117	3183285	787797	2189305
新产品/项目数 T_1	862	1079	581	361	1217	246	577
产品服务化 T_2	236	352	262	171	423	112	303

附表 B.5　2015 年企业输入和输出指标数据

指　标	样本 1	样本 2	样本 3	样本 4	样本 5	样本 6	样本 7
R&D 经费 X_1	1559239	952156	1262524	657807	689200	425686	558367
R&D 人员投入 X_2	29694	26762	25108	10951	23336	10098	9467
新产品销售收入 Y_1	3271936	3147484	3862692	2420427	2773152	830451	2394165
主营业务收入 Y_2	3733521	3394854	3689576	2764432	3092442	918876	2877958
新产品/项目数 T_1	1186	1127	608	344	1410	562	953
产品服务化 T_2	524	430	383	316	1011	386	516

附表 B.6　2016 年企业输入和输出指标数据

指　标	样本 1	样本 2	样本 3	样本 4	样本 5	样本 6	样本 7
R&D 经费 X_1	2808269	2089078	2433450	952250	1081927	499479	869681
R&D 人员投入 X_2	51194	43202	44836	20305	40236	10103	36880
新产品销售收入 Y_1	4709522	3413033	4240775	2909241	3201387	724373	2243119
主营业务收入 Y_2	6384147	4343942	5468936	3741584	4259283	810816	3168205
新产品/项目数 T_1	1202	1423	443	694	1036	716	932
产品服务化 T_2	736	837	293	432	328	364	620

附录 C　策略模拟数据

附表 C.1　主要影响因素策略模拟-1

时间/年	R&D 投入与主营业务收入模拟			
	影响系数 0.68	影响系数 0.3	影响系数 0.5	影响系数 0.8
	曲线 0	曲线 1	曲线 2	曲线 3
1	12.12	11.55	12.09	12.22
2	22.2	20.59	22.07	22.49
3	34.69	33.22	34.40	35.34
4	50.17	48.11	49.61	51.41
5	69.37	66.49	68.4	71.51
6	93.17	88.35	91.6	96.65
7	112.67	105.52	110.23	118.09
8	139.24	130.22	135.58	146.41
9	154.57	140.67	149.22	163.59
10	160.77	143.63	155.1	164.09

附表 C.2　主要影响因素策略模拟-2

时间/年	R&D 投入与技术更新收益模拟			
	影响系数 0.68	影响系数 0.3	影响系数 0.5	影响系数 0.8
	曲线 0	曲线 1	曲线 2	曲线 3
1	5.12	4.55	5.09	5.22
2	10.2	8.59	10.07	10.49
3	16.69	15.22	16.4	17.34
4	24.17	22.11	23.61	25.41
5	34.37	30.49	33.4	36.51
6	46.17	42.35	44.6	48.65
7	58.67	52.52	55.23	62.09
8	68.24	63.22	66.58	73.41
9	81.57	72.67	79.22	88.59
10	91.77	83.63	89.1	98.09

附表 C.3　主要影响因素策略模拟-3

| 时间/年 | 信息系统上线率与主营业务收入模拟 | | | |
| | 投入比率30% | 投入比率20% | 投入比率40% | 投入比率50% |
	曲线0	曲线1	曲线2	曲线3
1	13.12	12.55	13.57	14.11
2	23.1	21.48	24.55	26.49
3	33.89	32.96	34.55	35.78
4	50.07	47.97	51.92	52.83
5	68.89	66.02	70.13	71.82
6	77.17	72.35	80.6	85.65
7	83.67	77.52	88.23	92.09
8	88.24	82.22	94.58	98.41
9	98.57	92.67	104.22	109.59
10	91.77	83.63	89.1	98.09

附表 C.4　主要影响因素策略模拟-4

| 时间/年 | 信息系统上线率与技术更新收益模拟 | | | |
| | 投入比率30% | 投入比率20% | 投入比率40% | 投入比率50% |
	曲线0	曲线1	曲线2	曲线3
1	4.96	4.03	5.13	5.87
2	9.89	8.59	11.53	13.03
3	15.86	15.22	16.67	18.42
4	24.21	22.11	25.89	27.13
5	33.79	30.49	35.95	37.83
6	46.17	42.35	47.62	48.65
7	58.67	52.52	59.55	62.09
8	68.24	63.22	70.05	73.41
9	81.57	74.34	83.19	88.48
10	92.04	83.68	95.12	99.11

附表 C.5　次主要影响因素策略模拟-1

时间/年	次主要因素与主营业务收入模拟			
	主营业务收入	技术吸收能力	人员投资	员工素质
	影响因素 =0.8			
	曲线0	曲线1	曲线2	曲线3
1	11.95	14.77	12.09	12.93

时间/年	次主要因素与主营业务收入模拟			
	主营业务收入	技术吸收能力	人员投资	员工素质
	影响因素=0.8			
	曲线0	曲线1	曲线2	曲线3
2	22.17	26.24	22.99	23.89
3	34.67	39.64	35.73	37.25
4	48.79	54.89	50.79	52.78
5	69.03	78.86	74.03	75.82
6	77.23	86.17	81.17	82.97
7	83.73	92.67	87.67	89.17
8	90.21	99.24	95.92	97.31
9	98.57	113.57	105.57	108.17
10	109.77	125.77	117.47	118.77

附表 C.6　次主要影响因素策略模拟-2

时间/年	次主要因素与技术更新收益模拟			
	技术更新收益	技术吸收能力	人员投资	员工素质
	影响因素=0.8			
	曲线0	曲线1	曲线2	曲线3
1	4.67	6.03	5.32	6.02
2	10.11	11.87	11.14	10.32
3	15.45	18.32	17.21	18.19
4	24.17	27.91	25.02	28.13
5	34.29	39.62	37.14	39.21
6	46.22	52.57	48.77	52.03
7	48.73	58.64	54.11	55.97
8	56.43	69.41	60.58	66.41
9	61.57	73.59	66.22	70.59
10	70.77	78.09	74.1	77.49